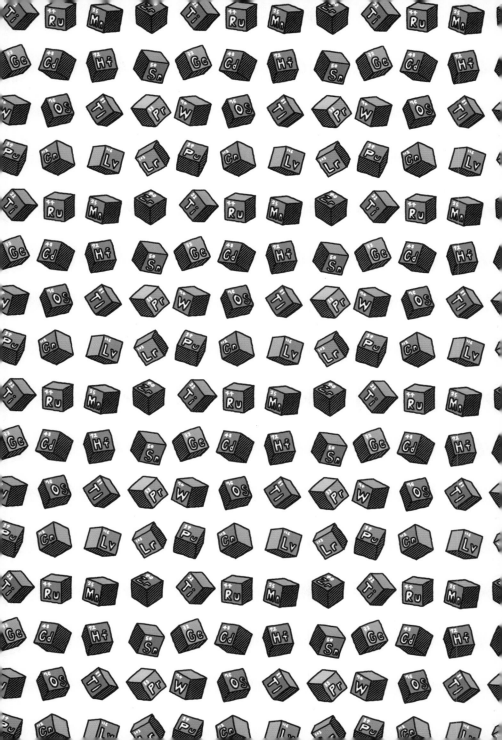

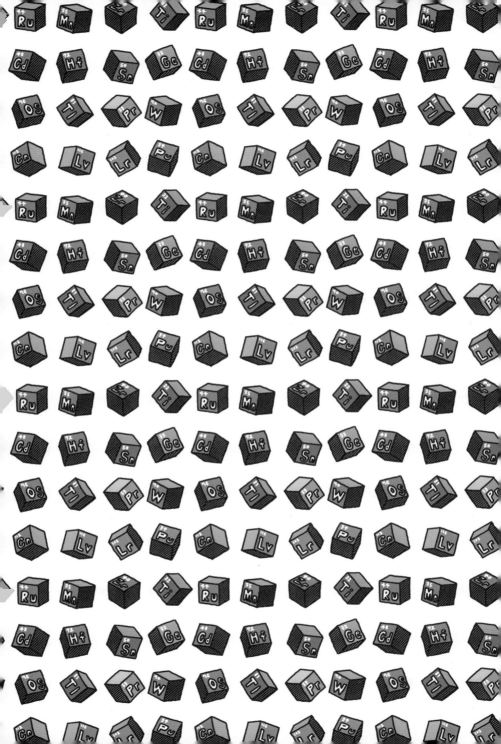

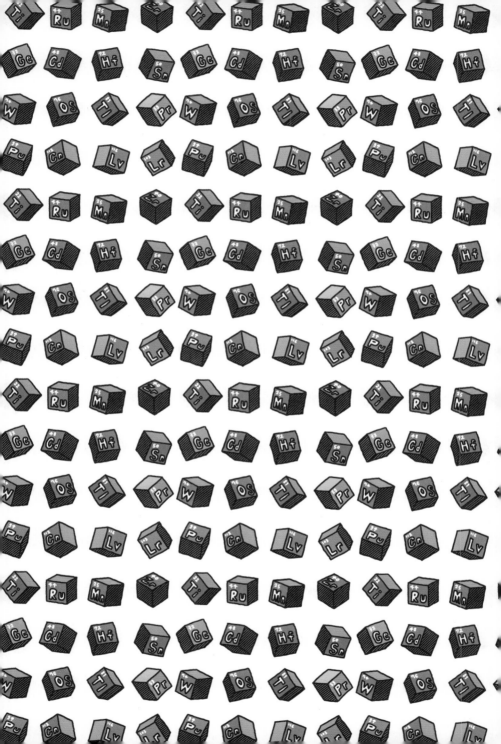

원소

쫌 아는

10대

원소

쫌 아는

과학 쫌 아는 십 대 05

10대

장홍제 글 · 방상호 그림

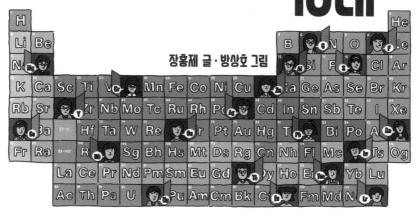

세상의
가장 작은 것이 만들
가장 큰 세상

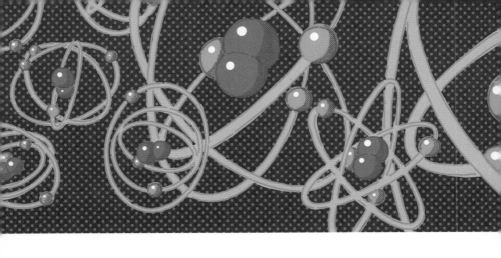

원소라는 가장 작은 세계로 한 발짝 살며시

얼마 전 꽉 막힌 도로에 차를 거의 세우다시피 한 채로 한참을 기다렸던 적이 있어. 왜 그런가 했더니 불꽃축제가 시작되는 순간이었어. 갑자기 사람들의 환호성과 함께 펑! 펑! 불꽃들이 터지며 하늘을 신비한 색으로 장식하기 시작했어. 지루하고 짜증 나는 차 안에서의 수십 분을 보상받는 기분이었지. 너희들도 아마 이와 비슷한 경험이 있을 거야.

그런데 불꽃놀이의 불꽃은 왜 한 가지 색이 아니고 다양한 색일까? 혹시 불꽃놀이를 보면서 이런 의문이 들지 않았어? 무심코 지나치던 작은 일상의 일들이 갑자기 새롭게 다가올 때가 있어. 병을 떨어뜨려서 바닥에 흩뿌려진 소금을 치우려고 보니 알갱이가 네모나게 각져 있는 걸 발견할 때, 물에 닿으면 녹이 슨다고 배웠던 철인데 식기나 욕실용품으로 사용되는 걸 확인

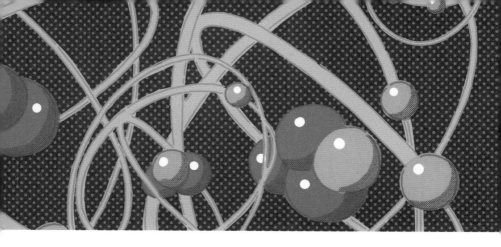

할 때, 어라? 이상하네…. 문득 이런 느낌이 들 때가 있잖아.

네모난 소금 알갱이, 녹슬지 않는 철, 다양한 색상의 불꽃놀이, 이 모든 것은 각기 다른 어떠한 '물질'로 이루어져 있기 때문에 서로 다른 모습으로 존재할 거야. 그리고 아마도 그 '다름'은 각각의 물질을 이루는 더 작은 단위들이 어떤 특성을 갖느냐에 따른 결과이고 말이야.

물질을 이루는 더 작은 단위! 우리는 그걸 '원소'라고 칭해. 원소라고 불리는 이 작은 퍼즐들이 어떤 조합으로 하나의 그림을 만드느냐에 따라 세상을 이루는 수천, 수만, 수백만 가지의 물질이 다른 특성으로 존재하게 되는 거지.

그렇다면 이런 의문이 들지 않을 수 없어.

대체 원소는 세상에 몇 개나 있을까?
누가, 언제, 어떻게 그 원소들을 찾아낸 걸까?

원소라는 가장 작은 세계로 한 발짝 살며시

원소들의 이름은 어떻게 정해졌을까?

그 이름에는 어떤 뜻이 있는 걸까?

아직 발견되지 않은, 숨어 있는 원소는 있을까?

이 책은 바로 이 궁금증을 풀기 위해 마련되었어. 일상에서 마주하는 당연한 모습을 갑자기 호기심 어린 눈으로 바라본 것처럼, 인류의 역사는 이런 호기심을 풀기 위한 노력의 결실이라고도 할 수 있어. 우리의 책은 바로 그 노력들을 인류의 시작부터 지금까지 시간 순으로 살펴보려고 해. 원소를 중심으로 한 과학자들의 지난한 노력과 시행착오는 분명 문명을 이룩하는 동력이 되었고, 이는 여전히 현재진행형이야. 너희들은 지금부터 앞으로를 만들 주인공이고 말이야.

단순한 호기심으로 시작해 그것이 세상과 인간에 미친 영향까지 원소에 대한 상세한 비밀들을 알게 된다면, 원소와 화학이 어떤 의미를 갖는지 조금 더 실감할 수 있을 거야. 우리가 사는 지구가 어떻게 탄생했는지, 인류는 어떤 방식으로 진화했는지, 문명이 어떻게 발달하고 화학이라는 학문은 어떻게 형성되었는지, 원소는 이러한 질문의 답이 되는 열쇠야. 원소는 보이지 않는 곳에서 이 모든 흐름에 핵심적인 역할을 했거든.

정말 흥미롭지 않니? 하루를 살아가는 나, 내가 사는 거대한 지구, 그 지구를 안은 광대한 우주 전체가 우리 눈에 보이지 않을 정도로 작은 원소에 의해 시작하고 이어지고 끊임없이 변화한다는 사실이. 지금부터 누구도 들려주지 않았을 역사와 문화, 과학 이야기를 시작할게. 바로 원소라는, 세상의 가장 작은 것을 통해서 말이야.

차례

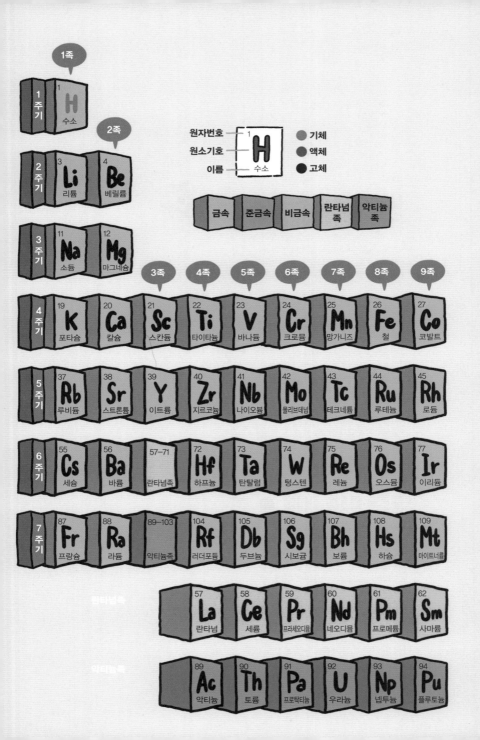

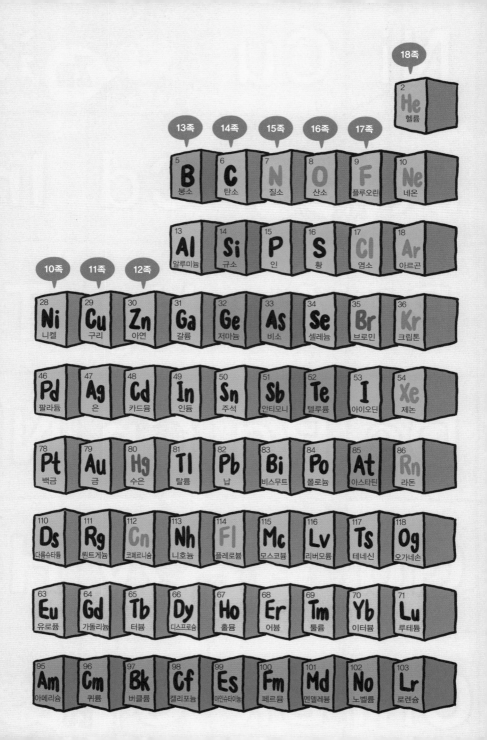

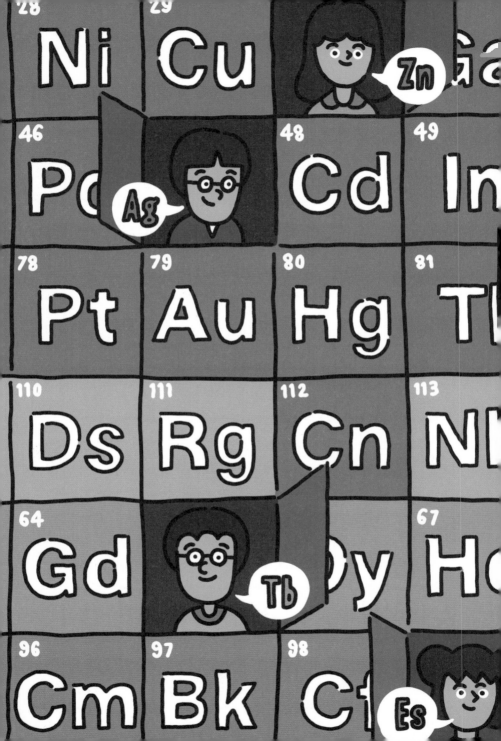

언제부턴가 우리는 주위를 이루는 셀 수 없이 많은 물질이 무엇으로, 어떻게 구성되어 있는지 알고 또 직접 다룰 수 있게 되었어. 과학기술이 그만큼 발전한 덕분이지. 학교에서 혹은 미디어를 통해 이와 같은 물질의 기본 구성 요소가 '원자'라 불리는 매우 작고 동그란 알갱이라는 사실을 배워 알고 있지? 하지만 높은 해상도의 카메라나 현미경으로 눈으로는 잘 보이지 않는 미세한 세균이나 먼지 혹은 네모난 소금 알갱이를 확인할 수 있는 것과는 다르게, 원자라는 알갱이는 눈으로 보거나 사진을 찍을 수 없을 정도로 너무나도 작은 크기라는 문제가 있어. 아주 가느다란 물질인 머리카락 한 가닥이 100마이크로미터(0.0001미터)인 데 비해, 원자는 보통 0.1나노미터(0.0000000001미터, 머리카락의 1000000분의 1 크기) 수준이거든.

아니, 이렇게 작은 원자를 도대체 어떻게 생각해 내고, 찾아내고, 분석하게 된 걸까? 또 이름이 비슷한 원소, 원자, 분자는 무엇이고 어떻게 다른 걸까? 찾아낸 수많은 원소를 표현하기 위해 과학자들은 어떤 방법을 사용했을까? 흔히 주기율표라 불리는 원소들의 아파트를 한 층씩 살펴보며, 그 심오한 내용과 중요한 의미에 대해 함께 알아보자.

세상의 근원을 찾는 물음표

실제적인 물질의 구성 단위는 원자라고 말할 수 있지만, 우리가 관심을 갖고 살펴볼 화학에서의 가장 본질적인 개념은 바로 원소(element, 元素)야. 시작이나 처음을 뜻하는 '元', 본디 또는 바탕을 의미하는 '素'가 합쳐진 것으로도 확인할 수 있듯이, 원소는 세상을 이루는 근원을 이르는 단어야.

원소에 대한 첫 개념은 철학의 아버지라 불리는 고대 그리스의 철학자 탈레스가 존재의 가장 기본적인 것은 물이라고 주장한 데에서 출발해. 동물, 식물, 인간까지 모든 생명체는 수분을 포함하고 있고, 여름이나 겨울에는 그 형태가 수증기(기체)나 얼음(고체)으로 상변화하는 흥미로운 현상을 관찰할 수 있었기 때문이지.(상변화에 대해 더 알고 싶다면 《물질 쫌 아는 10대》를 읽어 봐!) 물론 비, 강, 바다의 규모로 하늘에서 내려오고, 주위를 맴돌고, 매우 거대한 형태로 인간의 삶을 좌우하는 것까지 말이야. 물과 같은 물질이 세상의 근원이라는 이러한 탐구는 이후로 수많은 철학자에 의해 발전해 나갔어. 특히 아리스토텔레스를 기점으로 우리에게 친숙한 원소의 개념이 등장해. 아리스토텔레스는 과거 선구자들이 세상을 구성하는 물질을 오감을 통해 느끼고 분석한 결과를 토대로 불, 물, 바람, 흙 네 가지 원소가 만물의 근원이라고 말했어. 뜨거움(hot)과 차가움(cold), 축축함

(wet)과 건조함(dry)이라는 네 가지 성질의 조합으로 4원소가 만들어졌다고 보았지.

사실 이 과정은 화학의 역사뿐 아니라 인류의 사상에도 많은 영향을 주었어. 모든 존재의 근원이 '신이 아니라 과학적·단위적 요소로 이루어지는 물질'이라는 사고의 전환을 가져왔기 때문이야. 또한 아리스토텔레스의 4원소설이 정립되는 데 기여한 여러 철학자는 눈으로 보고 지각할 수 있는 요소들 이외에 정신적인 요소의 중요성 또한 탐구했는데, 대표적으로 무한(aoriston), 사랑(phlia), 미움(neikos), 영혼(aither)이 원소의 일종으로 언급되기도 했지. 이와 같은 정신적 가치의 원소들은 철학과 사상의 발달에도 큰 영향을 미쳤을 뿐만 아니라, 변화를 탐구하는 학문인 화학의 구성 요소들을 고안하고 가정하는 데 매우 큰 긍정적인 효과를 가져왔어. 예를 들면, 전자를 사랑하는 원자와 전자를 미워하는 원자가 만나 둘 다 행복한 (안정적인) 물질을 만든다고 화학 반응을 정의하는 그럴 때 말이야.

아리스토텔레스가 주장한 내용 중 4원소는 '하나의 본질'로 되어 있다는 부분 역시 관심의 대상이었고, 이 본질이 무엇인가를 탐구해 온 끝에 데모크리토스에 의해 최초의 '원자설'이 만들어지게 되었어. 원자는 그 이름부터 많은 것을 우리에게 알려 주고 있어. '나눌 수 없는'이라는 의미의 그리스어 atomos로부터 유래했는데, 그만큼 본질적이고 중요한, 물질의 기본

원소 좀 아는 10대

단위라는 것을 알 수 있어.

원소와 원자는 대체 어떤 차이가

그럼 원소와 원자가 정확하게 어떤 차이가 있는지 알아보자. 대수롭지 않게 넘기거나 혼용해서 사용하기도 하는 용어지만, 그 의미를 정확히 아는 것이 우리가 물질이나 원자가 아닌, 원소를 이 책에서 살펴보고자 하는 이유니까.

간단하게 말해서 원소는 '세상을 이루는 기본적인 요소'이고, 원자는 '원소를 이루는 기본 단위'라고 할 수 있어. 원소가 어떠한 대상, 종류, 질적인 개념이라면, 원자는 객체, 개수, 양적인 개념이야. 이해하기 쉬운 예를 들어 볼게. 우리를 포함한 모든 사람은 '인간'이라고 하는 명사로 정의되고, 인간은 다시 '인종'이라는 측면에서 지역에 따라 아시아 사람, 유럽 사람, 아프리카 사람, 아메리카 사람 등으로 나눌 수 있어. 각각의 인종이 인간을 이루는 원소라고 생각해 봐. 각 객체의 키, 체중처럼 상세한 외형적인 특징은 같은 인종 안에서도 약간씩 다르지만 한 인종의 독특함은 개별 객체 모두 공유하고 있어. 수많은 원자가 각각의 원소를 구성하듯이 말이야.

이러한 분류는 과학 분야가 아닌 다른 영역에서도 유사하게 적용돼. '꽃'이라는 대상은 일차적으로 '계절에 따라 피는 꽃'이

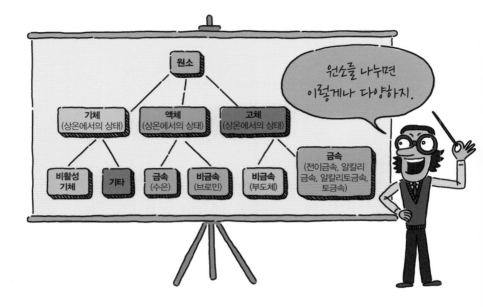

라는 기준으로 '종류'가 나뉠 수 있고, 계절에 따라 피는 꽃 중 하나인 '봄에 피는 꽃'을 들여다보면 개나리, 진달래 등 '객체'로 구성된 피라미드형 구조가 성립하지.

　시간이 흐르며 원소와 원자에 대한 정의가 점차 명확해졌어. 이제 우리는 원소가 세상을 이루는 근본이고, 원자는 더 이상 나눌 수 없는 입자라는 정의로 더는 혼동이 생기지 않을 만큼 아주 깔끔하게 과학적으로 둘을 구분할 수 있어. 다만 원소는 물질적인 특성을 의미하는 개념이지만, 원자는 실질적인 입자

를 다루는 개념이기 때문에 '원자는 무엇으로 이루어져 있는가'
와 같은 사실을 밝혀내는 것 또한 중요해졌지.

보통 원자를 포함한 입자의 구조와 구성에 대한 연구는 물리
학에서 주도적으로 다루는 분야지만, 원소의 특성과 화학을 이
해하기 위해서는 우리도 원자의 구조와 발달 과정에 대해 알아
야 하니 여기서 간략히 살펴보자.

다소 복잡하게 난립하던 원자에 대한 이론을 하나로 정립한
사람은 영국의 화학자 돌턴(John Dalton, 1766~1844)이야. 원자
론 발전에 탄탄한 토대가 되었던 돌턴의 원자론이지만, 그것은
원자가 공처럼 동그랗고 매우 단단하다는 입자적 형태만을 강
조했을 뿐 그 상세한 구조 등을 다루지 못한 한계가 있었어. 이
후 고진공의 유리관 속 전극에 높은 전압을 걸어 줄 때 음의 전
하와 질량을 갖는 어떠한 입자가 방출되는 것을 영국의 물리학
자였던 톰슨(Sir Joseph Thomson, 1856~1940)이 발견한 시기부
터, 원자 속에는 음전하를 띠는 '전자'라는 입자와 양전하를 띠
는 '양성자'가 고르게 퍼져 있다는 내부 구조가 처음으로 제안
되었어. 하지만 이런 구조는 지금 우리가 알고 있는 원자의 실
제 내부 구조와는 사뭇 다르지?

이후 영국의 핵물리학자 러더퍼드(Daniel Rutherford, 1749~1819)
가 매우 얇은 금 박막에 알파 입자(전자를 모두 잃어버린 헬륨 양이
온(He^{2+})의 다른 이름이야)의 광선을 쏘아 주었을 때 튕겨 나가는

몇몇 결과로부터, 원자 속 어딘가 굉장히 좁은 영역에 매우 높은 밀도로 단단하게 뭉쳐 있는 무언가가 존재한다는 사실을 확인하고, 이를 '원자핵'이라 부르게 되었어. 당시에 다양한 실험으로부터 확인한 결과는 전자에 비해 매우 무거운(전자 질량의 약 1836배!) 양성자가, 같은 전하의 입자들이 함께 있을 수 있게 도와주는 '중성자'와 뭉쳐 있다는 사실이었어.

작은 원자들의 끊임없는 밀고 당기기

마치 지구와 지구 주위의 대기권처럼, 중앙에 뭉쳐 있는 높은 밀도의 원자핵과 그 주위를 감싸는 전자가 실제적인 원자의 구조를 이룬다고 밝혀졌어. 이 구조로부터 다음과 같은 사실들을 예상할 수 있게 되었지.

첫째, 음전하를 띠는 전자와 양전하를 띠는 양성자가 서로를 끌어당기는 인력을 형성하며 안정한 중성 상태를 이루는데, 이와 같이 동일한 개수의 전자와 양성자가 존재하고 있는 중성 상태의 입자를 우리는 원자라고 정의한다.

둘째, 원자 중앙의 원자핵에 단단히 뭉쳐 있는 양성자·

중성자와는 다르게, 원자핵의 주위를 감싸는 전자들의 경우 외부에서 일정 이상의 에너지를 주면, 밖으로 떨어져 나가거나 혹은 다시 들어오는 변화가 생겨난다. 때문에 전자가 떨어져 나가면 중성 상태의 원자가 전체적으로 양전하를 띠게 되고, 반대로 전자가 외부로부터 더 들어오면 원자가 음전하를 띠는 새로운 상태로 바뀐다.

두 번째 경우를 주목해 볼래? 전자의 이동 방향에 따라 원자가 음의 전하나 양의 전하를 띠는 새로운 상태로 바뀐다고 했잖아. 분명 원자는 중성 상태라고 첫 명제에서 설명했는데 말이야. 이렇게 전하를 띠는 원자의 새로운 모습을 우리는 '이온'이라는 물질로 정의하는데, 이온은 화학 반응의 핵심적인 부분이야. 모두가 중성인 상태로 존재하는 원자들이 아무리 많이 모여 있다 할지라도 그것들이 모여서 자발적으로 무언가를 만드는 경우는 비교적 흔치 않거든. 반면, 어떤 원자는 양(+)의 상태, 어떤 원자는 음(-)의 상태가 되면 자석의 N극과 S극이 서로 끌리듯이 서로가 서로에게 영향을 미치게 되는 거지. 바로 변화의 출발점이라는 이야기야. 이 이야기의 핵심은 음과 양, 양과 음을 만드는 동력이 처음 양성자와 같은 개수로 존재하며 한 원자의 중성 상태를 유지하게 했던 '전자'라는 부분이야. 전자의 이동으로부터 중성 상태가 깨지고, 중성 상태로 되돌아가고 싶어 하는 속성 때문에 다른 원자들과의 결합, 즉 화학 반응이 이루어지곤 하거든. 원자가 양이 되고 싶을까 음이 되고 싶을까, 즉 '원자가 어떤 이온으로 바뀌고 싶어 하느냐'라는 것은 그 원소를 이루는 원자들의 아주 독특한 특징이야. 이 특징이 의미하는 전자의 개수, 선호하는 이온의 종류, 그리고 물리적 및 화학적인 성질들을 활용해서 원소들을 줄 세우고 분류하는 주기율의 형성을 달성할 수 있게 된 거야!

전자들이 들어왔다 나갔다 하며 다양한 상태를 만들어 내기

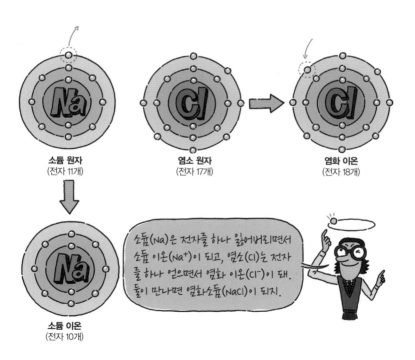

소듐 원자
(전자 11개)

염소 원자
(전자 17개)

염화 이온
(전자 18개)

소듐 이온
(전자 10개)

소듐(Na)은 전자를 하나 잃어버리면서 소듐 이온(Na⁺)이 되고, 염소(Cl)는 전자를 하나 얻으면서 염화 이온(Cl⁻)이 돼. 둘이 만나면 염화소듐(NaCl)이 되지.

에, 전자는 '화학 반응'의 핵심이라는 것까지 이해했을 거야. 그렇다면 가장 깊은 안쪽에 꽁꽁 뭉쳐 있는 원자핵 속의 양성자는 어떤 의미를 가지는지 궁금하지 않아? 양성자는 '원소의 본질'을 의미하는 대단히 중요한 입자야. 양성자는 손쉽게 떨어져 나가거나 들어오는 일이 일어나지 않아. 너무나도 단단히 안쪽에 뭉쳐 있기 때문이지. 이 때문에 우리가 매장에서 바코드를 찍어 그것에 해당하는 물품의 정보를 확인하는 것처럼, 양성자의 개수를 통해 어떤 원소인지 분류할 수 있어!

이처럼 세상을 이루는 물질을 자세히 들여다보면 각각의 원소가 수많은 원자로 구성되어 있다는 사실을 알 수 있어. 더 자세히 들여다보면 원자의 종류와 상태, 배열과 조합을 통해 한정된 종류에서 뻗어 가는 수많은 물질과 화학의 가능성이 생겨났음을 짐작할 수 있어. "작고 끝없이 움직이는 원자들이 서로를 당기고 밀어내며 물질을 형성하는 원자 가설." 이게 무슨 말이냐고? "어떤 재앙으로 인해 인류의 과학적 지식이 모두 소실되어 다음 세대의 생명체에게 가장 적은 단어의 한 문장만을 남겨 줄 수 있다고 할 때 무엇이겠는가"라는 질문에 리처드 파인만이 답한 내용이야. 파인만은 뛰어난 통찰력으로 나노과학까지 아우르는 현대 물리학의 대가야. 다음 생명체에게 남기는 단 하나의 메시지로서 그가 전한 건 원자들의 서로를 향한 움직임과 그로 인한 물질의 형성이라니, 원자의 중요성이 느껴지니? 이온이 되는 속성을 가진 원자이기 때문에 물질도 세상도 계속 이어져 왔고 앞으로도 계속될 거라는 과학적 교훈이야.

특성에 따라 체계적으로 배치해 보자

많은 이야기를 한 것 같은데, 더 다양한 이야기를 시작하기 전에 지금까지의 내용을 한번 정리해 볼까.

세상을 이루는 시작점을 알기 위해 우리는 이 책을 펼쳤어. 그 시작점은 바로 '세상을 이루는 기본 요소'인 원소였지. 그런데 원소는 질적인 특징을 일컫는 말이기 때문에 그 특징을 만들어 내는 양적인 요소, 바로 원자라는 단어가 필요해. 눈으로 확인할 수 있는 원자와 이들이 만들어 내는 특성의 집약체인 원소라고 말하면 더 간단하지? 양성자와 중성자가 단단히 뭉쳐진 원자핵과 그 주위를 둘러싼 전자로 이루어진 원자가 우리 눈에 보이는 실질적인 입자인 거지. 원자가 내부에 몇 개의 양성자와 전자로 이루어졌느냐에 따라 각각의 원소가 자기만의 특성을 뽐내며 세상을 이루는 다양한 물질의 기틀이 되는 것이고. 거기에 원자의 바깥에 있는 전자가 들어오고 나가는 일이 생기면서 화학 반응(이온화)이 일어나고, 이 반응을 통해 다채로운 물질이 새로 생겨난다는 것까지 우리는 알게 되었어.

지금부터는 이렇게 수많은 특성을 가진 물질을 만드는 원소를 그 특징에 따라 구분하는 방법을 알아볼 거야. 혹은 특징에 따라 원소의 이름을 정하는 방법을 알아본다고 할 수도 있고. 그 내용은 몰라도 너무도 익숙하게 들어 왔던 단어, 바로 주기율표가 우리가 원소를 알기 위해 넘어야 할 큰 산이야.

역사에 기록될 수도 없던 먼 과거부터 지금까지 발견되고 사용되어 온 다양한 물질을 확인하는 과정에서 수많은 원소가 관찰되었는데, 그 과정에는 지구상의 서로 다른 곳에서 같은 원소를 다른 이름으로 부른다거나, 과거에 관찰된 원소지만 중복으로 보고된다거나 하는 여러 복잡한 일들도 끊임없이 일어났겠지? 다행히 지금은 세계 각국의 과학자들이 모여 우리 주위에 존재하거나 혹은 잠시라도 존재할 수 있다고 판명된 원소가 총 118개 있다고 정리했어. 그 정리된 결과가 우리가 과학 책 등에서 보았던 바둑판 또는 아파트처럼 생긴 '주기율표'야. 2019년은 UN이 제정한 '국제주기율표의 해'이기도 해.

원소들이 발견된 때는 모두 달랐으니 처음부터 이런 완성된 배치는 아니었을 텐데, 누가 어떻게 무슨 이유로 주기율표라는 것을 만들었을까? 그리고 주기율표의 의미가 얼마나 대단하기에 국제주기율표의 해를 지정해 그 의미를 되새기려 할까?

원소를 배열하는 역사적 과정을 트럼프 카드 한 묶음을 가지고 간접적으로 따라가 보자. 트럼프 카드가 무작위로 테이블 위에 섞여 있는 장면을 상상해 볼래? 카드는 적과 흑의 두 가지 색, 스페이드·클로버·하트·다이아몬드의 네 가지 도형, 그리고 1~10까지의 숫자와 J·Q·K 세 가지 알파벳으로 이루어져 있고 총 52장이야. 이 52장의 카드가 살짝 어지러울 정도로 엉망진창으로 뒤섞여 있지. 이걸 깔끔하게 정돈할 방법은? 잠깐만 곰곰 생각하면 그닥 어려운 일이 아니라는 걸 알 수 있어. 색깔별로 나눌까? 도형별로? 아니면 숫자별로? 알파벳 순서대로? 이 중 무엇을 기준으로 선택하느냐에 따라 이 무작위의 정보를 일정하게 배열하고 체계를 만들어 낼 수 있잖아.

　원소들의 분류 또한 이와 마찬가지로 기준을 세우고 그에 따라 분류하는 수많은 시도가 있었고, 그렇게 해서 지금의 주기율표가 만들어지게 되었어. 최초로 시도한 사람은 독일의 화학자 되베라이너(Johann Wolfgang Döbereiner, 1780~1849)였어. 되베라이너는 당시까지 확인된 원소들의 성질과 동일 개수의 각 원소를 구성하는 원자들의 질량(원자량, atomic mass)을 바탕으로 다음처럼 3개조(triad)로 묶일 수 있는 조합을 발견해.

염소(Cl) − 브로민(Br) − 아이오딘(I)

리튬(Li) − 소듐(Na) − 포타슘(K)

칼슘(Ca) − 스트론튬(Sr) − 바륨(Ba)

인(P) − 비소(As) − 안티모니(Sb)

황(S) − 셀레늄(Se) − 텔루륨(Te)

원소 쫌 아는 10대

어때, 들어 본 것 같은 이름도 있고 아주 생소한 이름도 있지? 앞에 있는 것이 원소의 이름을 나타내는데, 우리나라에서 부르는 원소의 이름들은 한자에서 유래한 것도 있고(산소, 질소, 황 등), 원어 이름의 발음을 차용해서 사용하는 경우도 있어(브로민, 안티모니, 셀레늄 등). 괄호 속 영어 알파벳 하나 혹은 두 개로 이루어져 있는 표현은 '원소기호'라 부르는 또 다른 표현법이야. 지금 말한 것처럼 원소의 이름은 어느 나라에서 표현하느냐에 따라 서로 다른 경우가 있기 때문에 공통적으로 사용하는 표현법이라고 할 수 있지. 우리나라는 황(黃), 중국은 또 다른 한자인 硫, 영어로는 Sulfur, 독일어로는 Schwefel과 같이 각기 다르게 부르지만, 모든 나라가 공통적으로 S라는 원소기호를 사용하는 것과 같아. 원소기호의 탄생 역시 다양한 목적이 충돌한 끝에 이루어진 위대한 사건이지만, 조금 더 나중에 자세히 알아보도록 하자.

되베라이너는 처음에 3개조를 이루는 원소들을 특성이 비슷한 것들끼리 묶는 방법으로 분류했어. 그런데 이 3개의 원소를 원자량과 함께 살펴보니 흥미로운 사실을 관찰할 수 있었어. 바로 가운데 원소의 원자량은 양옆 두 원소의 원자량의 평균과 매우 잘 들어맞는다는 사실을 확인했던 거야. 물론 이건 단순한 우연일 뿐이었고, 당시 대부분의 화학자 역시 막연한 우연으로 치부해 왔지만, 원소들을 주기율표라는 틀 안에서 체계화하려는 후대 연구자들에게는 큰 동기부여가 되었지.

 이후 여러 화학자가 자신만의 방법을 통해 원소들을 배열하는 데 끝없이 도전해. 프랑스의 지질학자 샹쿠르투아(Alexander-Émile Béguyer de Chancourtois, 1820~1886)는 원자량을 기준으로 원소를 순서대로 배열했고, 독일 화학자 마이어(Julius Lothar Meyer, 1830~1895)는 원자의 가장 바깥쪽에 존재하는 전자의 개수에 따라 원소를 배열하는 데 성공했어. 이 모든 방법은 앞선 되베라이너의 분류를 더욱 공고히 하면서 보다 다양한 원소에 대해서도 어느 정도의 규칙성이 존재한다는 걸 입증할 수 있었지. 그런데 실질적인 주기율 발견의 실마리는 영국의 화학자였던 뉴랜즈(John Alexander Reina Newlands, 1837~1898)가 옥타브 법칙이라는 내용을 발표하면서 찾을 수 있었어. 원자량 순서로 원소들을 배열했을 때 8번째마다 비슷한 성질의 원소가 반복되어 나타난다는 사실이었는데, 이를 음악에서의 8도 음정(도레미파솔라시도의 순으로 8번째마다 같은 음이 나오는 음계)에 비유한 내용이었지.

 현재 우리가 알고 있는 주기율표의 첫 형태는 1869년, 러시아의 화학자 멘델레예프(Dmitry Ivanovich Mendeleev, 1834~1907)

가 '원소의 성질과 원자량의 상관관계'라는 제목의 논문을 통해 발표하면서 세상의 빛을 보게 되었어. 사실상 멘델레예프의 주기율표는 이전 되베라이너부터 연구되어 온 내용들의 종합적인 표현이기도 해. 그럼에도 불구하고 멘델레예프를 주기율표의 아버지라 칭하는 이유는 뭘까? 그건 다음과 같은 사실들 때문이야.

첫째, 주기율표의 세로 기둥을 족(group)으로, 가로줄을 주기(period)로 확정지어 후대 주기율표가 이 틀을 바탕으로 지속적으로 보완되어 현재의 형태(18족 7주기)가 만들어질 수 있게 하였다는 데 있어. 원자의 최외각에 존재하는 전자의 개수로부터 각 원소의 특징적인 성질이 결정되었기 때문에, 이들을 묶어 족이라 칭하며 나열할 수 있게 했지. 최외각 껍질에 존재하는 전자의 개수가 1개면 1족, 2개면 2족, 이런 식이지. 다만 3주기 원소까지는 최외각 껍질에 들어갈 수 있는 전자의 개수가 최대 8개이기 때문에, 13~18족의 경우 일의 자리의 숫자가 최외각에 존재하는 전자의 개수를 의미해. 또한 이렇게 찾아진 같은 족에 속한 여러 원소들을 보기 편하게 나타내야 하기 때문에, 반복적으로 나타나는 같은 족의 원소들을 표현하는 주기가 도입되었어. 같은 주기의 원소들은 전자가 배치되는 껍질의 수가 같아. 1주기에 있는 원소는 껍질이 1개, 2주기에 있는 원소는 껍질이 2개지. 이 두 요소로부터 보편적인 주기율표는 가로

와 세로가 반듯하게 교차하는 2차원 형태로 정리되어 왔어.

둘째, 멘델레예프는 주기율표에서 물음표로 표현된 항목들을 만들어 두었는데, 주기율에 따라 배열했을 때 공백으로 남아 있는, 당시 발견되지 않았던 미지의 원소들의 존재 가능성을 남겨 두었거나, 해당 자리에 존재하지만 알려진 원자량의 정확성에 의문이 있는 항목들을 지적해 둔 대단한 업적이야.

조금 더 상세히 살펴보자면, 멘델레예프는 붕소(B), 알루미늄 (Al), 망가니즈(Mn), 규소(Si) 아래에 주기율표상에 채워져 있어야만 하지만 관찰된 적 없던 원소들을 각각 에카-붕소, 에카-알루미늄, 에카-망가니즈, 에카-규소로 작성해 두었어. 에카

(eka)는 산스크리트어로 1을 뜻해. 훗날 이 원소들은 순차적으로 발견되었고, 각각 스칸듐(Sc), 갈륨(Ga), 테크네튬(Tc), 저마늄(Ge)으로 명명되었지. 이렇게 멘델레예프가 예측한 물리화학적 특성이 실제 발견된 원소의 특성과 매우 높은 정밀도로 들어맞아서 모두를 놀라게 했어. 이러한 사실은 미지의 과학 분야에 도전할 때 가장 중요한 요소 중 하나인 예측의 범위에 속했기 때문에, 아까 우리가 테이블 위에서 어지럽게 흩어져 있는 트럼프 카드 중 유실된 카드를 계산을 통해 찾아낼 수 있는 단초를 제공했다고 말할 수 있어. 또한 과학에서 가장 어려운 부분인 기존 사실들의 오류를 찾아내고 수정하는 작업을 원자량 예측으로 달성할 수 있었기에, 이로부터 당시 주기율표가 가진 수많은 오류를 정정하여 과학적인 표를 만들게 되었다는 공로도 빼놓을 수 없을 거야.

정리하자면, 주기율표는 원소를 일정한 순서에 따라 나타낸, 주기적으로 나타나는 유사한 특성을 짐작게 하는 표라고 할 수 있어. 하지만 주기율표에는 수백 가지가 넘는 정보들이 담겨 있어서, 아무리 체계적으로 주기와 족이라는 가로세로 기준에 맞춰 정리했다 하더라도 처음에는 복잡한 도표라는 생각이 들수밖에 없지. 우리 주위엔 이처럼 굉장히 폭넓고 다양한 정보가 한곳에 집약되어 있는 매체가 있어. 바로 '사전'이야. 독서의 재미를 얻기 위해 사전을 처음부터 쭉 읽는 사람은 (보통) 없지만, 우리가 정말 필요한 순간에 단어, 뜻, 외국어 등 분야를 막론하고 명확한 개념을 알려 주는 것이 사전이기도 하잖아? 주기율표 역시 마찬가지의 의미를 가지고 있어. 수많은 과학자의 노력과 결실이 충분한 검증을 통해 객관적으로 정리되어서, 과학 특히 화학을 탐구하는 사람들에게 길과 정보를 제공하는 가장 본질적인 '화학사전' 말이야. 이러한 근본적이고 중요한 이유를 되새기자는 뜻에서 2019년을 '국제주기율표의 해'로 선정한 거야.

이렇게 재미있는 이야기는 주기율표에 없어

주기율표가 과학, 특히 화학에서 중요하게 사용되는 이유가 도대체 뭘까? 주기율표는 종이 한 장에 모든 정보를 넣어 한눈에 들어오게 만든, 일종의 화학자들의 지하철 노선도 혹은 지도라고 생각할 수 있어. 우리가 가 보지 못한, 혹은 들어 보지 못한 곳의 이름을 듣게 되었을 때, 지도가 없다면 그 자리에서 멈춰 버리지만, 지도가 있다면 어디에 있을지, 어떤 길로 가야 할지, 주위에는 무엇이 있는지를 살펴보고 계획을 세울 수 있잖아. 원소들이 정리된 지도인 주기율표 역시 우리가 새로운 화학 반응 혹은 물질의 구조를 설계하고 만들 때, 주기성 있게 나타나는 유사한 성질들, 원자의 크기와 배열, 밀도와 상태 등을 찾아 활용할 수 있도록 정보를 주는 역할을 해. 이러한 이유로 주기율표의 탄생은 이후 화학 발달의 큰 계기가 되었다고 해도 과장이 아니야. 주기율표를 탐색하는 머리 아픈 일은 나중으로 미루고 잠시 주기율표에 숨겨진 재미있는 사실들을 알려줄게.

주기율표를 만든 멘델레예프는 그 공로로 노벨상을 수상했다?

사실 주기율표는 화학자가 아니더라도 한 번씩은 들어 보거나 살펴본 적이 있을 정도로 너무나 유명해서 멘델레예프가 노벨상을 수상했을 거라 생각하지만, 아쉽게도 그러지 못했어. 멘델레예프는 플루오린(F)이라는 원소를 분리하는 데 성공했던 프랑스의 화학자 앙리 무아상(Ferdinand Frédéric-Henri Moissan, 1852~1907)에게 근소한 차이로 밀려 수상하지 못하고 세상을 떠나고 말아. 노벨상은 아주 특별한 경우를 제외하고는(역사적으로 모든 분야의 노벨상을 통틀어 단 세 명만이 존재해!) 살아 있는 사람에게만 수상한다는 원칙이 있기 때문에, 우수한 업적을 남겼지만 아쉽게도 수상하지 못했지 뭐야.

주기율표에 사용되지 않은 알파벳이 있다?

주기율표는 보통 알파벳 하나 혹은 두 글자로 된 원소기호 118개로 이루어졌기 때문에, 모든 알파벳이 다 사용되었을 거라 생각되지만, 사실 J는 사용되지 않았어. 멘델레예프가 만든 초기 주기율표에는 독일식 표기로 요오드(Jod)가 원소기호 J로 사용되었지만, 이후 원소의 이름이 미국식 명칭인 아이오딘(Iodine)으로 국제회의를 통해 변경되면서 원소기호 역시 I로 바뀌게 되었어. 결국 주기율표에서 지금까지는 J를 전혀 찾아볼 수 없어. 이 외에도 모든 미확정 원소들의 이름이 2016년에 정해졌기 때문에, 현재 주기율표에서는 Q도 찾아볼 수 없지만 우리가 발견 과정 중에 있는 원소의 이름을 임의로 붙일 때 Q는 종종 사용되곤 해.

다른 모양의 주기율표도 존재한다?

우리가 책에서 살펴볼 수 있는 바둑판같이 줄 서 있는 모양의 가장 일반적인 주기율표 외에도 계속해서 새로운 종류의 '대체 주기율표'들이 만들어지고 있어. 그 이유는 주기율표의 의미에서 찾아볼 수 있는데, 단순히 더 흥미롭거나 아름답게 배열된 형태를 찾기 위해서가 아닌, 보다 많은 정보를 표현하는 지도를 그리려는 목적으로 시작된 결과야. 각 원소의 지각 매장량을 반영하거나, 전자의 개수로부터 유래하는 화학적 특성들을 고려해 연결하거나, 혹은 눈에 더 잘 들어오도록 가시성을 개선하려는 목적으로 여러 종류의 주기율표는 사용 목적에 맞게 발전하고 있어.

작게는 주기율표의 자기 자리, 나아가서는 우리 주위, 도시, 지구, 그리고 우주까지 모든 곳을 채우는 수많은 원소는 어디에서 생겨났을까? 물론 그 시작은 우주가 탄생해 모든 물질이 만들어지는 시초가 되었던 커다란 폭발인 빅뱅이라 할 수 있겠지. 빅뱅으로부터 전자나 양성자와 같은 아주 작은 입자들이 탄생하고, 이들이 뭉쳐서 최초의 원소인 수소(H)를 만들게 돼. 이후 수소들이 서로 뭉치며 조금 더 무거운, 우리가 알파 입자로 살펴보았던 헬륨(He)이 생겨나는 것이 원소 탄생의 시초라고 할 수 있어. 하지만 주기율표에 존재하는 모든 원소가 이처럼 덧셈을 하듯 순서대로 만들어지지는 않았어. 우주선(cosmic ray) 융합으로 생겨난 원소들도 있고, 거성이나 백색왜성의 폭발로부터도 수많은 종류의 원소가 우주에 뿌려졌지. 중성자별의 융합이나 낮은 질량의 별들이 합쳐지거나 죽어 가면서도 원소가 만들어졌고 말이야.

너무나도 많은 원소에는 각각의 이야기가 담겨 있으니 우리가 지금 모두 다 살펴볼 수는 없을 거야. 그래도 과학자가 아닌 사람들에게도 과거부터 지금까지 원소가 어떤 영향을 미쳤는지 천천히 함께 살펴보자!

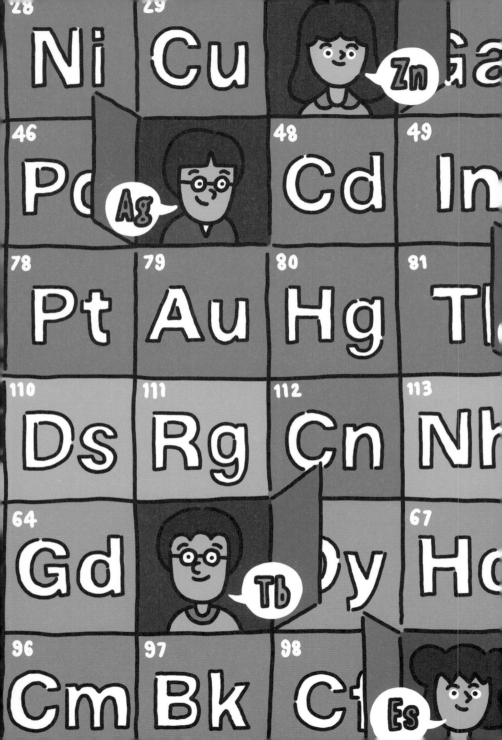

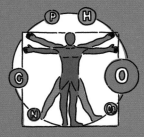

생명은 대체 언제 탄생했을까? 약 45억 년 전 지구가 만들어지고 3억 년에 걸쳐 지표에 안정하게 물이 형성된 시기부터 생명은 시작되었어. 물론 어떠한 생명체도 생겨나기 전이기 때문에, 조절 불가능한 자연적인 화학 반응에 의해 모든 사건이 발생했지. 약 38~42억 년 전의 시기에 생물 발생 이전의 화학이 이루어졌는데, 여러 세균의 유전 정보를 구성하고 인간의 유전 정보를 실제로 사용할 때 필요한 생명 정보의 핵심 리보핵산(RNA)의 기본 단위와 그 구체적 형태가 만들어진 일은 지구 탄생 이후의 최대 이벤트야. 이후 RNA가 안정한 형태의 유전 물질 디옥시리보핵산(DNA)과 단백질을 형성하면서 최초의 생명체라 알려진 원핵생물이 탄생했어.

이 모든 과정의 어디부터 원소가 관여했을까? 당연히 지구가 탄생하는 첫 순간부터일 거야. 그때부터 여러 종류의 원자, 즉 원소의 기본 단위들이 모였다 멀어지고 붙었다 줄 서면서 모든 것이 일어났겠지. 이렇게 많은 종류의 원소가 모여서 탄생한 거대한 행성의 시작부터, 이 모든 기적 같은 과정의 결과물인, 이 책을 읽는 우리의 생명 자체를 이루는 원소들까지 천천히 둘러보며 이야기를 나누자.

우리 몸의 주연을 소개합니다

태초의 지구 대기는 지금과는 다르게 뜨거운 수증기(H_2O)와 생명체의 날숨의 주성분인 이산화탄소(CO_2)로 이루어져 있었을 거라 추측돼. 이때는 지구에 철분이 매우 높은 상태에서 지표도 붉은빛이고 바다도 청록색이었던, 지금과는 사뭇 다른 행성의 모습이었지. 이후 수많은 유성의 충돌로 지구로 오게 된 원소들과 태초 생명체의 호흡으로부터 만들어진 산소, 그 외 다양한 원소가 지구에서 부글부글 끓으며 폭발적으로 생겨나고 변화하기 시작했어. 수십억 년이라는 길고 긴 시간은 우리가 알고 있는 지금의 지구를 만들었고, 이 모든 것을 받아들이고 내뱉으며 세상에 인간이 나타나게 되었지.

우리는 자연계에 있는 여러 물질을 호흡하고 섭취하고 다루기 때문에 사실상 거의 모든 원소가 인체 내에 포함되어 있어. 하지만 그중에서도 생명 유지를 위해 필수적으로 요구되는 원소들이 존재하는데, 그중 인체의 99퍼센트 질량을 차지하는 여섯 종류의 원소가 대표적이야. 바로 탄소(C), 수소(H), 산소(O), 질소(N), 인(P) 그리고 칼슘(Ca)이 그 주인공이야. 이 원소들 중 우리 몸의 '유기질'을 구성하는 비금속 원소 5종(C, H, O, N, P)의 역할과 특징에 대해 먼저 하나씩 살펴보자.

구조를 형성하는 탄소

주기율표에서 탄소(C)는 순서대로 세 보았을 때 왼쪽에서 14번째 기둥에 자리 잡고 있는 14족 원소로 분류돼. 몇 번째 기둥에 있느냐는 우리가 살펴본 것처럼 '가장 바깥쪽의, 사용할 수 있는 전자가 몇 개 있느냐'와 이어지는데, 결국 탄소는 총 4개의(기둥(족) 숫자의 1의 자리와 같아) 사용 가능한 전자를 가지고 있어. 우리가 방향을 말할 때도 흔히 앞뒤좌우 또는 동서남북처럼 네 개씩의 방향으로 전체적인 주위 공간을 설명하곤 하지? 이처럼 탄소도 다른 원소들에 비해 주위의 다른 원자들과 '사용 가능한 전자를 함께 공유하며' 충분히 많은 '결합'을 할 수 있어. 이와 같은 형태의 결합을 '공유결합'이라고 하는데, 아주 강하고 안정하게 유지되는 결합이기 때문에 수많은 물질을 형성하는 데 핵심으로 작용해.

결국 탄소는 또 다른 탄소와 연결되면서 사슬모양이나 고리모양처럼 아주 다양한 구조들을 만들게 되고, 인체를 구성하는 다른 원소들 역시 여기에 연결되어 우리 몸을 형성하지. 또한 탄소는 대부분의 화학물질과 생체물질을 비롯한 수백만 가지의 물질을 형성하는 뼈대로 작용하는데, 이러한 분야를 연구하는 화학의 한 갈래를 '유기화학'이라고 칭해.

흑연이나 다이아몬드처럼 자연 상태에서도 탄소는 풍부하게 존재했기 때문에, 언제 누가 처음 탄소를 발견했는지는 알 수 없

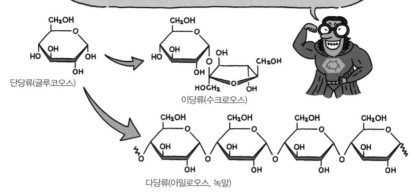

글루코오스(glucose)는 포도당으로 우리 몸의 에너지원으로 사용돼. 탄수화물의 일종인 단당류로 불리는데, 이 분자가 두 개 연결되면 설탕과 같은 이당류, 더 많이 연결되면 다당류인 녹말 등을 형성하지. 탄수화물은 어떤 탄소 구조로 어떻게 연결되느냐에 따라 에너지원일 수도, 몸을 구성할 수도, 윤활제로 사용될 수도 있어.

단당류(글루코오스)

이당류(수크로오스)

다당류(아밀로오스, 녹말)

어. 하지만 과거부터 오랫동안 사용되어 온 연료인 석탄과 목탄이 탄소로 이루어졌기 때문에 이들을 의미하는 라틴어 carbo(석탄, 목탄, 숯)로부터 Carbon이라는 원소 이름이 정해졌지.

생명을 담당하는 산소

산소(O)는 인체에서 가장 많은 양이 존재하는 원소로 우리 몸의 70퍼센트를 차지하는 물(H_2O)를 형성하고 있어. 또한 생명체가 호흡을 할 때 반드시 필요한 원소이기에 산소가 없다면 인간은 단 몇 분도 살 수 없을 만큼 중요해. 화학적 측면에서의 산소는, 앞서 뼈대를 만드는 탄소들과 결합하여 새로운 특성과 기능을 줄 수 있지. 탄소들만 모여 있는 물질(연필심이나 숯 검댕을 생각하면 돼)은 물에 녹을 수 없지만, 산소가 결합되면 잘 녹는 성질로 바뀌는 게 대표적인 경우야. 이처럼 산소와 결합하는 반응을 우리는 '산화'라고 부르는데, 매우 다양한 원소와 산화 반응을 일으킬 수 있어. 결과적으로 산소는 산(oxy)을 만든다(genes)라는 그리스어 단어의 조합으로 그 이름(Oxygen)이 지어지게 되었어.

산소는 주기율표 16족에 속해 있는 원소로 6개의 최외각 전자를 가지고 있어. 거의 모든 원자는 특정한 개수의 전자를 가지게 될 때 가장 안정하게 되는데, 주기율표의 발견 과정에서 옥타브 법칙이라는 8개씩의 규칙성을 관찰했던 것과 동일하게, 8개의 전자가 존재할 때 가장 안정하고 선호된다는 '옥텟 규칙'이 있어. 옥텟 규칙에 따라 산소는 2개의 전자를 더 가지고 싶어 하는 원소이기에 최대 2개까지의 결합을 할 수 있어! 물론 이 두 개의 결합을 하나의 원자와 하면서 '이중결합'을 만들고 끝날 수도 있지만 말이야.

다양성을 제공하는 질소와 인

질소(N)와 인(P)은 둘 다 15족에 속하는 원소들로 총 5개의 최외각 전자를 가지고 있어. 이로 인해 최대 3개까지의 다른 원자와 결합이 가능해져서 탄소들의 연결을 확장시키기도 마무리 짓기도 해. 또한 산소와 마찬가지로 탄소로 이루어진 체내 유기물들의 특성을 조절하거나 바꿀 수 있다는 장점이 있지.

특히 질소는 우리 몸을 이루는 단백질의 구성 물질인 아미노산을 형성하는 데 매우 중요하게 작용해. 사실 질소 자체는 지구 대기의 78퍼센트를 차지할 정도로 지구에 매우 풍부하게 존재하는데, 이 엄청난 양의 질소가 어디에서 나타난 것일지에 대해서는 아직 밝혀진 바가 없는 흥미로운 원소이기도 해. 사람의 호흡에 도움을 주기는 하지만 질소로 생명을 유지할 수는 없기 때문에, 처음 질소 기체가 발견되었을 때에는 굉장히 무서운 독가스로 여겨졌어. 왜냐하면 연소 반응을 하고 남은 기체, 즉 질소로 가득 찬 유리병에 생쥐를 집어넣었더니 숨을 쉬지 못해 죽고 말았거든. 이 때문에 숨을 틀어 막히게 하는 원소라는 의미로 질소라는 이름이 붙게 되었다고 해. 하지만 질소는 독성이 없는 안정한 기체여서 산업이나 다른 분야에서도 매우 유용하게 사용되지(생쥐가 죽은 것은 질소 때문이 아니라 산소가 없었기 때문이야). 무엇보다 그 양이 풍부해서 가격이 비교적 저렴하다는 것도 매력적이고.

인은 우리 몸에서 가장 중요한 물질 중 하나인 DNA의 골격을 이루는 데 필수적으로 포함되는 원소야. 물론 다른 원소들도 전체적인 유전물질의 구조를 형성하는 데 함께 기여하지만, 우리가 흔히 생각하는 긴 사슬모양의 구조를 만드는 것은 인의 역할이야. 인은 특이하게도 '인광'이라 불리는 빛을 내뿜는 성질이 있는데, 이로 인해 과거 공동묘지 같은 곳에서는 체내의 인이 날아가며 빛을 내는 현상을 관찰할 수 있었고 이를 도깨비불이라 불러 왔어. 이 때문에 '빛을 가져오는 자'라는 의미로부터 Phosphorus라는 이름이 붙게 되었지.

생체 물질의 완성, 수소

요즘 친환경 자동차로 주목받고 있는 수소자동차. 그 연료는 짐작대로 수소야. 수소(H)는 우주의 90퍼센트 이상을 차지할 정도로 가장 많이 존재하는, 그리고 처음으로 만들어진 원소야. 가장 많은, 가장 태초의 물질 수소는 가장 작고 가장 가볍다는 특징이 있어. 수소는 지구에서 다른 물질을 만드는 데 사용되지 않는 순수한 상태일 때 기체로 존재하는데, 지구 중력을 벗어나 우주로 날아가 버릴 만큼 가벼워서 지구에서 수소 기체는 자연 상태에서 찾아보기 어려워. 그런데 기체 상태의 수소는 인간에게는 유독한 기체 중 하나야. 하지만 물질을 이루는 데 녹아 들어가게 된 경우에는 문제가 없지.

수소는 주기율표상 1족에 위치하는 원소로 가장 안정한 형태가 되려면 가지고 있는 전자를 잃어버리는 게 제일 손쉬운 방법이야. 이 때문에 전자를 갖고 싶어 하는 다른 수많은 원소에 달라붙어 서로가 원하는 환경을 만들어 줄 수 있어. 우리가 앞에서 살펴본, 생명을 구성하는 핵심 원소들에 수소가 가득 결합해 더 이상의 결합이 불가능하게 물질을 안정화하는 상태가 될 때가 있는데, 이 상태를 가득 채웠다는 의미로 '포화'되었다고 말해. 그 말은 수소가 얼마나 들어가 결합을 마감하고 있느냐에 따라서 물질은 포화될 수도, 혹은 여분의 자리를 남겨 둔 상태로 불포화될 수도 있다는 말이겠지. 우리가 흔히 식품류에서 보게 되는 포화지방 또는 불포화지방이 여기에 해당해.

탄소가 이루는 뼈대에 산소, 질소, 인, 그리고 기타 원소가 결합하여 다양성과 기능성을 부여한다면, 그 외의 남는 공간은 수소들이 채우며 비로소 물질을 안정한 형태로 완성해. 수소는 산소와 함께 지구에서 가장 중요한 물질인 물을 형성할 수 있기 때문에, 물(hydro)을 만든다(genes)라는 그리스어로부터 그 이름(Hydrogen)이 유래했을 정도로 가장 중요한 원소 중 하나라 해도 과언이 아니야.

조연처럼 보여도, 우리가 없다면 생명도 없지

이제껏 살펴본 다섯 가지 우리 몸의 핵심 구성 원소 외에도 앞서 언급한 칼슘을 포함해 생명 유지에 필수적인 원소들이 존

45

재해. 소듐(Na), 포타슘(K), 염소(Cl), 황(S) 그리고 망가니즈(Mn)
가 그 주인공이야. 이렇게 총 11개의 원소를 생체 필수 원소라
부르고 이들이 인체의 99.85퍼센트를 구성하고 있지. 그 외의
0.15퍼센트는 수십 종류의 다른 원소가 아주아주 적은 양(모두
다 합쳐도 10그램 미만에 불과해!)으로 채우고 있어. 다섯 개의 주인
공 원소 이외의 조연 역할을 하는 원소들에 대한 궁금증을 풀어
보면서 이 원소들이 우리 몸속에서는 어떤 역할을 하는지도 알
아보자.

진짜 이름이 뭐니, 소듐과 포타슘

소듐(Na)과 포타슘(K)은 그 이름을 확정하고 사용하는 데 있
어서 과거부터 지금까지 여전히 혼란 상태야. 사실 소듐과 포
타슘 모두 험프리 데이비 경에 의해 분리되어 그 존재가 알려졌
는데, 소금을 함유한 식물인 함초를 태운 재(soda)와 염기성 용
액을 만드는 데 사용하던 식물을 태운 재(potash)로부터 각각 이
름을 따 소듐(Sodium)과 포타슘(Potassium)으로 명명하게 되었
어. 하지만 과거 과학과 의학을 비롯한 다방면에서 두각을 나
타내게 된 독일은 이러한 용어를 수정해서 사용하길 원했고,
탄산나트륨(natron)과 식물의 재(kali)로부터 이름을 다시 가져와
나트륨(Natrium)과 칼륨(Kalium)으로 변경되었지. 화학을 전문적
으로 공부하고 사용하는 사람이 아니고서야, 우리에겐 사실 뒤

소듐 이온(Na⁺)과 포타슘 이온(K⁺)이 세포 안쪽과 바깥쪽에 얼마나 존재하느냐에 따라 안쪽과 바깥쪽의 전하를 결정해. 엄청난 속도로 일어나는 이 현상은 인간이 신경 자극을 느끼고 뇌가 명령을 내려 움직이는 모든 현상을 관장하지.

세포 밖

K⁺ 확산

Na⁺/K⁺ 펌프

Na⁺ 확산

세포 안

의 나트륨과 칼륨이라는 이름이 더 친숙할 거야.

하지만 2차 세계대전 이후 다시 주도권을 쥐게 된 미국을 중심으로 한 영어권 국가들에 의해 소듐과 포타슘이 공식 명칭으로 확정되었어. 때문에 이름은 소듐과 포타슘이지만, 원소기호는 나트륨(Na)과 칼륨(K)인 복잡한 원소. 우리나라는 기본적으로 미국 발음을 기준으로 한다는 협의가 된 상태라 소듐과 포타슘이 정식 이름이 될 테지만, 이미 오래전부터 나트륨과 칼륨이라는 용어가 사회 전반적으로 더욱 익숙한 터라 국립국어원은 나트륨과 칼륨을 선호하는 복잡한 상황이야.

소듐과 포타슘은 1족에 속하는 원소들로 전자를 하나 잃어버린 상태로 여러 다른 원소와 함께 '염(salt)'이라 불리는, 물에 녹을 수 있는 여러 물질을 만들 수 있어. 대표적으로 염소(Cl)와 함께 우리가 소금이라고 부르는 염화소듐(NaCl)이나 비료로 사용되는 염화포타슘(KCl)이 있지. 결국 대부분이 물로 이루어진 우리 몸속에서 소듐과 포타슘은 몸속 액체의 농도를 조절해 몸이 문제없이 작동할 수 있도록 도와줘. 하지만 이보다 더욱 중요한 역할은 몸속에서 자극과 정보를 전달하는 신경 세포 안팎을 오가며 전위 차이를 만들어 신호를 전달하는 거야.

연둣빛 독가스, 염소

방금 전 말한 염화소듐이나 염화포타슘처럼 17족에 있어서 전자를 하나 받아 8개의 최외각 전자를 완성한 염소 이온(전자를 받거나 잃어서 양전하나 음전하를 갖게 된 원자들을 이온이라고 부른다는 걸 기억해 보자!)은 여러 다른 원자나 이온과 함께 염을 간단하게 만들 수 있어. 이처럼 염을 잘 만드는 특성이 있는 17족 원소들을 염(halo)을 만든다(genes)라는 그리스어에서 따와 산성 물질인 할로젠(Halogen)이라고 부르지.

어떠한 화학 반응을 매우 빠르고 간단히 해내는 특성을 '반응성이 높다'라고 하는데, 염소를 비롯한 17족 원소들은 반응성이 매우 높다는 공통점이 있어. 특히 염소는 처음 분리된 이유가 전쟁에서 화학무기로 사용하기 위해서였을 정도로, 사람이 흡입하면 몸속에서 매우 강한 염산(HCl)으로 바뀌어 생명도 빼앗을 수 있는 무서운 물질이지. 그 자체로는 밝은 연두색의 색상으로 연둣빛이라는 의미의 그리스어인 chloros로부터 이름이 유래한 어찌 보면 귀여운 원소지만, 실상은 이렇게 무시무시한 면이 있어. 하지만 다행히 우리 몸속에 존재하는 염소는 대부분 염소 이온인 소금 형태로 섭취되기 때문에 위험한 사고를 일으키지는 않아. 우리 몸속에서는 다른 이온들과 함께 체액의 농도를 일정하게 유지하는 데 기여하고 있어.

불의 근원, 황

황(S)은 기원전 2000년경부터 사용되어 온 원소로 발견자에 대해서는 알려져 있지 않아. 다만 성경을 비롯한 여러 매체에서 '유황'이라는 표현으로 서술되어 왔어. 흔히 화산지대에서 발견되어 채굴되어 왔고 불타오르는 성질이 있기 때문에, 불의 근원이라는 의미의 라틴어 sulphurium으로부터 이름이 유래해 지금의 명칭인 Sulfur가 되었지. 황은 특유의 냄새를 가지고 있는데, 흔히 계란 썩는 냄새나 양배추 썩는 냄새 등으로 불리는 것처럼 상쾌한 향기와는 거리가 멀어. 인체 내에서는 메티오닌이나 시스테인이라는 몸을 구성하는 필수적인 아미노산을 형성하는 데 사용되고 있고, 머리카락과 손톱의 중요 성분이어서 머리카락이 파마 등으로 뜨겁게 달궈지거나 탈 때 나는 오묘한 냄새가 바로 황 냄새의 일부야.

황은 산소처럼 16족에 해당하는 원소인데, 산소보다 크기가 커서 또 다른 종류의 결합을 만들 수 있는 능력이 있어. 바로 '이황화 결합'이라고 부르는, 황과 황이 만나 연결고리를 만드는 흥미로운 형태야. 이 결합은 약간의 조절에 의해 만들어질 수도 다시 떨어질 수도 있는 가역(되돌아 갈 수 있는)적인 종류라, 우리 몸에서 구조를 만들거나 조절하는 데 핵심적인 부분에서 유연성을 제공하곤 해. 머리카락에 약품을 처리해서 꼬불꼬불 말리게 하거나 다시 반듯하게 펴는 파마가 머리카락의 이황화 결합을 끊었다 붙였다 조작하는 과정을 통해 얻어지는 결과야. 우리 몸을 구성하는 대표 원소를 꼽을 때, 단순히 뼈를 구성하는 역할을 하는 칼슘 대신 황이 포함되는 경우가 많을 정도로 황은 매우 중요한 원소야.

원소 쫌 아는 10대

인체 필수 전이금속 원소, 망가니즈

인체 필수 원소 중 마지막 하나의 조각은 망가니즈(Mn)라는, 조금은 낯선 금속 원소야. 망가니즈를 살펴보면서 우리는 주기율표의 또 다른 영역과 구분해 볼 수 있어. 이제껏 살펴본 원소들을 정리해 보자면 우리는 특정 부분들에 집중되어 있다는 사실을 확인할 수 있어.

> 1족(알칼리금속) − 수소, 소듐, 포타슘
>
> 2족(알칼리토금속) − 칼슘
>
> 14족(탄소족) − 탄소
>
> 15족(질소족) − 질소, 인
>
> 16족(칼코젠) − 산소, 황
>
> 17족(할로젠) − 염소

이렇게 정리를 해 보니 주기율표에서 양쪽 끝에 우뚝 솟아 있는 1, 2, 13~18족 안에 해당되는 원소들이 생명체를 구성하는 데 필수적이라는 사실을 깨닫게 되지? 이들은 우리가 주기율표에서 기대했던 특징 중 하나였던 '주기적으로 유사한 성질이 나타나는 족으로 구분된다'는 특성이 잘 들어맞는 전형적인 원소들이야. 이러한 이유로 이들은 '전형원소' 또는 '주족원소'라고 불리며, 이에 대한 수많은 연구가 이미 이루어져 다양한 분야에서 널리 활용되고 있어.

그렇다면 망가니즈가 포함되어 있는 3~12족까지의 총 10개 족의 넓은 공간은 어떤 의미를 가질까? 이를 확인하기 위해, 미뤄 왔던 '오비탈'이라는 개념을 간단히 살펴볼 거야.

하나의 방에 두 침대가, 오비탈의 정체

다시 한 번 원자와 화학 반응의 핵심이었던 전자로 돌아가 보자. 분명 우리는 전자를 음전하를 띠는, 양성자나 중성자에 비해 매우 가벼운 입자라고 이야기했어. 그런데 이 전자는 어떤 형태로 원자를 구성하는 걸까? 이 문제에 대해 수많은 과학자가 계속해서 생각해 왔어. 머핀에 건포도가 콕콕 박혀 있듯 뒤섞여 있을지도, 아니면 태양계처럼 중앙의 원자핵 주위를 전자들이 빙글빙글 공전하는 것일지도 모른다는 등 여러 이론이 쏟아져 나왔지만 각각은 한두 개의 치명적 오류로 좌절을 피할 수 없었지. 그때 하나의 혁신적 아이디어가 제안되었는데, 우리가 입자라고 생각하는 모든 것이 단단하고, 크기를 갖고, 반듯하게 날아다니는 입자인 걸까 하는 본질적인 질문이었지. 사실은 소리처럼 혹은 빛처럼 '파동'의 특성을 갖는 형태가 아닌 걸까 하고 말이야. 아니면 둘 다일 수도 있을 테고.

이와 같은 생각을 바탕으로 여러 사실을 관찰하고 또 분석한 뒤, 전자가 어디에 있을지를 파동 함수를 통해 계산할 수 있었는데, 그 결과가 '확률'로 나타났어. 가까운 위치에 전자가 존재할 확률은 99퍼센트, 저 멀리에 있을 확률은 70퍼센트, 이런 식으로 말이지. 결국 사람들은 통계적으로 의미가 있는 전자 영역을 확정하기 위해서 전자가 발견될 확률이 90퍼센트 이상인 공간들을 따로 표현하며 이를 궤도함수(오비탈)라고 불렀어.

원자마다 전자의 개수가 다를 테니, 오비탈의 종류나 개수도 다를 수밖에 없겠지? 오비탈은 전자가 존재할 확률이고, 확률에 따라 구분된 공간 안에 들어갈 수 있는 전자의 총 개수 역시 정해져 있어. 한 방에 끝없이 전자들을 구겨 넣을 수는 없을 테니까. 우리는 현재까지 네 가지 종류의 오비탈을 정의하게 되었어. 오비탈이 방출하는 빛의 선 모양을 확인한 데서부터 이름 지어진 s(sharp), p(principal), d(diffuse), 그리고 f(fundamental)가 그 네 가지 오비탈이야. s, p, d, f오비탈의 순서로 갈수록 더 복잡한 모양을 갖게 되는데, 이들 오비탈은 각각 1, 3, 5, 7개의 방을 가지고 있고, 그 방 안에는 2개씩의 침대가 있어서 전자가 2개씩 들어갈 수 있다고 이해하면 간단해. 최종적으로 s, p, d, f오비탈에 최대 2, 6, 10, 14개의 전자가 들어갈 수 있어.

자, 주기율표를 다시 한 번 들여다보자. 주기마다 서로 다른 개수의 족으로 구성되어 있다는 사실이 눈에 들어오지? 네 종류의 오비탈은 주기에 따라 그 유무가 달라져. 1주기는 s오비탈

오비탈은 어떠한 에너지로, 어떤 운동량에, 어떤 방향으로의 정보를 가지느냐에 따라서 서로 다른 형태를 가져. 이 모양들은 슈뢰딩거 방정식이라는 복잡한 형태의 수식을 풀어낸 결과인데, 모든 원자는 이러한 오비탈들을 가지고 있어.

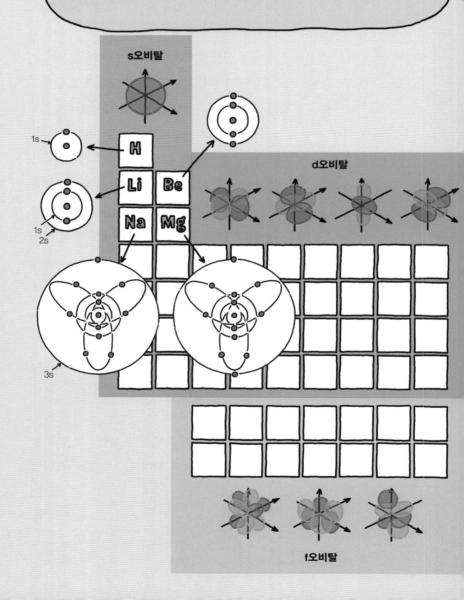

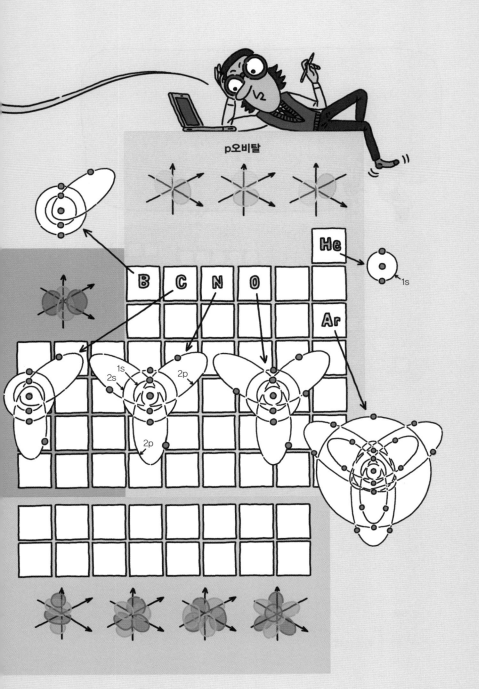

p오비탈

오비탈은 전자 껍질과 오비탈의 종류에 따라서 에너지 준위가 모두 다른데, 가장 먼저 나오는 1번 껍질의 s오비탈이 가장 낮은 에너지를 가져. 결국 전자는 이 오비탈부터 최대 2개까지 채워질 수 있고, 그 이후부터의 전자는 그다음으로 낮은 에너지를 갖는 2번 껍질의 s오비탈인 2s오비탈에 들어가게 되지. 아파트의 낮은 층부터 하나씩 차는 것처럼 순서대로 전자가 차오르며 원소들의 구분, 특성 등이 결정되는 거야.

만 존재하고 2주기는 s와 p오비탈이, 3주기는 s, p, d오비탈이, 마지막으로 4주기 이후부터는 s, p, d, f오비탈이 모두 존재할 수 있어. 하지만 실제로 각각의 오비탈에 전자가 채워지는 순서는 단순하지 않은데, 복잡한 이유는 다음처럼 나름의 순서가 있어서야.

주기율표에서 가장 먼저 나오는 1족과 2족이 s오비탈이 핵심

원소 쫌 아는 10대

적인 역할을 하는 영역이야. 전자가 1개 들어가면 1족, 2개 들어가면 2족이 되어서 우리가 최외각 전자의 개수를 간단히 셀 수 있던 거지. p오비탈에 들어가는 최대 6개 전자는 13족부터 18족까지의 영역에서 중요한 역할을 해. d오비탈 부분은 주기율표의 가운데를 차지하는 3족부터 12족에 이르는 '전이금속' 구역으로, 전자가 최대 10개까지 들어갈 수 있어. f오비탈의 경우에는 주기율표 하단에 따로 분리된 '란타넘족'과 '악티늄족'이라는 가로로 쓰인 족에서 사용되고 있지. 따로 분리된 이유는, 단지 분리하지 않고 쭉 쓴다면 주기율표의 길이가 너무나도 길어져서 표기하기 어렵다는 단순한 이유 외엔 없다는 사실. 전자가 비교적 적게 들어가는 전형원소들은 전자 개수에 따라 독특한 특성이 확연히 관찰되지만, 이에 비해 더 많은 전자가 들어가는 전이금속 원소들은 그만큼 확연한 특성의 족별 유사성이나 족 간 차이를 보이지 않는 경우도 많아.

d오비탈 영역에 해당하는 망가니즈는 우리 몸속에서 여러 효소를 이루는 구성성분이자 효소가 기능하도록 돕는 필수 요소야. 생명 반응을 유지하는 데 필수적이지. 이 외에도 혈액 속에서 산소를 옮기는 적혈구의 핵심 물질인 헤모글로빈을 구성하는 철(Fe), 효소에 사용되는 아연(Zn)이나 구리(Cu) 같은 다른 전이금속들 또한 미량만 필요하지만 중요한 생명 유지 원소로 많은 주목을 받고 있지.

어떤 이온이 되고 싶니?

우리 몸을 구성하는 다양한 원소를 살펴보면서 우리는 전형원소가 무엇인지도 함께 이야기를 나눠 보았어. 1, 2족과 13~18족까지의 총 8개의 족에 자리 잡은 원소들이 바로 전형원소였는데, 이 8개라는 정해진 개수는 오비탈로부터 결정된 수였어. 방마다 전자가 2개씩 들어갈 수 있기 때문에, 하나의 방에 최대 2개까지의 전자가 들어갈 수 있는 s오비탈과, 세 개의 방에 최대 6개까지의 전자가 들어갈 수 있는 p오비탈 말이야. 이처럼 s와 p오비탈이 가장 바깥에서 유의미한 방으로 작용하는 원소들이 전형원소였고, 험프리 데이비 경이 찾아낸 1족과 2족 원소들도 전형원소에 해당한다고 볼 수 있지.

전형원소들은 8개라는 숫자를 가장 중요하게 생각해서 거동하도록 설계되어 있어. 이 s와 p라는 오비탈의 방이 전자로 꽉 꽉 차 있는 순간이 가장 안정하게 존재할 수 있는 순간이거든(이건 화학보다는 양자역학이라는 물리 이야기로 설명이 되는 부분이야). 그렇게 되면 s, p오비탈의 지배를 받는 각각의 전형원소 원자들은 가장 안정해질 수 있는 형태를 찾기 위해 선택을 해야만 하는 순간이 오겠지. 예를 들어 우리가 지금껏 살펴본 수소(H), 소듐(Na), 포타슘(K)을 비롯한 1족 알칼리금속 원자들은 가지고 있는 1개의 전자(족 수의 일의 자릿수와 전자 개수는 같아!)를 버리거나, 아니면 7개의 또 다른 전자를 다른 곳에서부터 가져와야만 할 거야. 상식적으로 생각해 봐도 7개를 가져오기보다 1개를 버리는 게 훨씬 쉬운 선택이겠지? 그래서 수소 양이온(H^+), 소듐 양이온(Na^+), 포타슘 양이온(K^+)과 같이 1족 원소들은 하나의 전자를 잃어버린 '1가 양이온'을 형성하도록 설계되어 있어. 2족인 알칼리토금속 원소들도 비슷한 선택을 할 수밖에 없을 거야. 뼈를 구성하는 칼슘(Ca)이나 같은 족에 속하는 마그네슘(Mg) 등은 6개의 전자를 가져오기보다 2개의 전자를 잃어버리는 편이 용이하기 때문에, 중성 상태보다 2개의 전자가 부족해진 '2가 양이온'인 칼슘 양이온(Ca^{2+})이나 마그네슘 양이온(Mg^{2+})을 만들게 돼.

가장 마지막에 있는 18족 원소들 같은 경우에는 이미 그 일의 자릿수로부터 미루어 볼 수 있듯 8개의 최외각 전자를 가지고 있는 상태야. 더 빼앗길 필요도 더 가져올 필요도 없는 아주 안정한 상태이기 때문에 이 원소들은 이온을 형성하지 않고 스스로 안정하게 돌아다닐 수 있어. 그래서 다른 물질과의 반응에 대해 활성이 없는 기체 분자들이라는 의미로 18족 '비활성기체'라는 명칭을 가지고 있지. 반대로 이 완전한 8개의 전자보다 부족한 배치를 갖고 있는 플루오린(F)이나 염소(Cl)가 속한 17족 원소들의 경우에는 전자를 모두 내뱉는 것보다 하나를 빼앗아 오는 게 용이하기 때문에, 이를 통해 '1가 음이온'을 형성

2장 원소, 생명을 이루다

해. 조금 전 살펴본 1족과 2족 양이온들과 만난다면 서로의 부족함을 채워 주기 아주 좋겠지? 그래서 17족 원소들은 다른 원소들과 만나서 양이온과 음이온의 결합을 통한 안정한 화합물을 만들어 내는데, 이러한 물질이 앞에서 말한 염(salt)이야. 염을 그리스어로는 halo라고 하는데, 염(halo)을 만든다(genes)라는 의미로 17족 원소들을 할로젠(Halogen)이라고 부른다는 걸 기억하지? 우리의 예상과 같이 산소(O), 황(S) 등으로 구성된 16족 원소들은 전자 두 개를 빼앗아 오면서 '2가 음이온'을 형성할 수 있어.

그럼 나머지 13족부터 15족까지의 원소들은 어느 한쪽에 크게 치우치지 않기 때문에 전자를 가져올 수도 잃어버릴 수도 있을 텐데, 어떤 선택을 하게 될까? 그건 경우에 따라 달라. 함께 있는 다른 원소가 양이온이 잘되는 원소라면 떨어져 나온 전자를 주워 가며 음이온이 되어 화합물을 함께 만들 거고, 주위 원소가 음이온이 잘되는 원소라면 전자를 내주며 양이온이 되어 화합물을 함께 만들게 될 거야. 이처럼 전자를 가져오고 내뱉는 성질은 이온을 만드는 것 외에도 화학 반응을 구성하는 데 중요한 작용을 하는데, 먼 훗날 여러 원소가 화학자들에 의해 세상에 출현하는 데 가장 핵심적인 작용을 하는 부분이야.

우리가 발을 딛고 있는 지구의 탄생과 우리의 몸을 이루는 필수적인 원소들까지 살펴보며 약 10가지 종류의, 한 번쯤은 들어 본 적 있었을 원소들을 들여다보았어. 재미있는 사실은 이 몇 안 되는 원소들이 각자의 위치에서 본연의 특성을 나타내며 작게는 동식물의 세포부터 크게는 생명체의 몸에 이르기까지 그것을 구성하고 움직이고 생각하도록 하는 복잡한 과정들을 가능하게 한다는 점이 아닐까! 우리 손을 가만히 내려다보고 움직여 봐도 별다를 것 없이 느껴졌던 그런 단순한 모양과 동작이, 머리카락 한 가닥의 1000000분의 1 크기밖에 안 되는 탄소가 뼈대를 이루고, 산소·질소·인·황·수소가 정밀하게 설계된 위치에 결합해서 작은 조각을 만들고, 이 작은 조각들이 결합해서 조금씩 더 큰 구조를 만드는 과정을 통해 생겨나게 된다니. 심지어, 소듐과 포타슘이 주위 이쪽저쪽을 바쁘게 움직이면서 신호를 전달해 우리의 의지대로 이동할 수 있게 만드는데, 너무도 정밀해서 마법과도 같은 기계장치를 이루고 있지. 이 모든 걸 상상하면 나 자신이 그 자체로 얼마나 큰 기적인지. 우리가 가지고 있는 가능성과 할 수 있는 일은 한계를 정할 수 없을 것만 같은 기분이야.

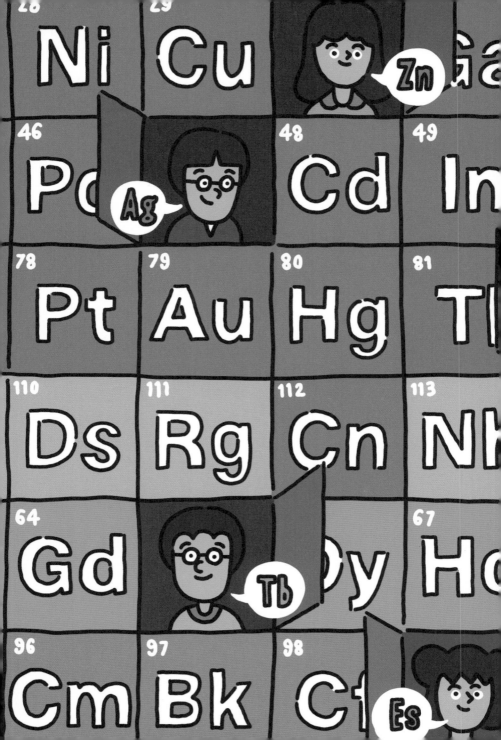

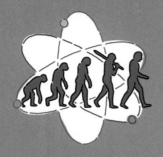

흔히 인류 문명의 발달을 배울 때 첫 시작을 현생 인류의 탄생이라고 하지. 보통 오스트랄로피테쿠스(Australopithecus)를 인류의 조상이라고 말하지만, '남방의 원숭이'라는 그 의미처럼 아직은 직립보행이나 도구 사용이 자유롭지 못했어. 갑자기 웬 진화론이냐고? 그래, 원소를 다루는 이 책에서 진화적 관점의 인류 역사를 자세히 알 필요는 없지. 하지만 인류사의 어디쯤에서 화학이 시작되었는지, 화학이 인류 역사를 어떤 식으로 변화시켰는지 궁금하지 않아? 물론 '화학'이라는 정해진 단어를 가지고 인류가 그것을 실험실에서 실험하듯 발견하고 활용하지는 않았을 거야. 앞서 원소가 언제 누구에 의해 발견되고 명명되었는지를 배웠는데, 그렇게 정돈된 이름을 갖지 않은 상태의 원소로 이루어진 물질을 계속 발견하고 필요에 따라 이렇게 저렇게 변형하면서 인류는 무시무시한 날것의 자연 속에서 삶을 지속해 나갔겠지.

그러니 화학의 쓸모가 인류의 연속에 어떻게 관여했는지를 알아보는 건, 지금의 우리가 어떻게 존재할 수 있는지에 대한 답을 찾아가는 일이 될 거야. 우리의 오랜 조상들과 화학의 계속된 만남, 이 흥미로운 사건들을 함께 파헤쳐 볼래.

화학의 시작 또는 인류의 시작

화학이란 무엇일까? 그리고 그 시작은 어디일까? 간단히 할 수 있는 질문이지만 자신 있게 답하기는 어려울 거야. 화학(化學)은 말 그대로 무언가가 바뀌는 변화[化]를 공부하는 학문[學]이야. 화학이 성립되려면 먼저 '무언가'가 있어야만 하는 것이지. 지금 우리가 배우는 원소는 바로 그 무언가의 하나야. 세상을 이루는 기본 요소니까. 인류는 원소와 원자로 이루어진 어떤 물질을 합치거나 나누고, 교환하거나 떼어 내는 다양한 변화를 통해 다른 특성을 갖는 물질들을 만들고 분석해서 활용하는 일을 끝없이 해 왔어. 그렇다면 변화를 일으키기 위한 가장 손쉬운 방법을 찾아낸 순간이 최초의 화학, 곧 화학의 시초라고 할 수 있을 거야.

인류 조상의 출현이라 할 수 있는 시기 이래로 화학의 기원이자 최초의 화학 반응은 '연소'라는 현상을 발견하고 사용하게 된 순간이라 여겨지고 있어. 연소는 물질이 산소와 결합하며 많은 빛과 열을 주위로 방출하며 변화하는 반응인데, 일상적으로는 '(나무가) 불에 탄다'라는 표현이 더 자연스럽지. 아직 단단하다/무르다, 날카롭다/뭉툭하다 정도를 제외한 물질에 대한 본질적인 이해가 이루어지지 않았기 때문에, 우연히 발생한 연소의 현재진행형인 불을 유지하거나 옮겨 붙이는 행위가 가

능하게 된 시기가 곧 인류가 화학과 처음 만난 순간이라고 해도
과언이 아니야. 자, 도구를 사용하고 불을 이용했던 인류를 뭐

라고 부르지? 그래, 호모 에렉투스(Homo erectus)야. 이들은 직립보행을 시작했으며, 도구를 제작하고 불을 사용함으로써 인류가 다른 동물과 다르다는 걸 입증했지. 호모 에렉투스 이전에는 자연에서 구하는 재료 그대로를 그 상태 그대로 썼다면, 이제는 불을 이용해 간단한 조리를 하거나 무언가 새로운 걸 만들어 냈던 거지. 사회가 아닌 화학에서 인류의 조상을 만나니 새롭게 보이지?

도구와 불을 사용해 간단한 채집과 수렵 활동이 가능하게 된 구인류는 계속해서 발전하며 목축과 농경이 가능한 신석기 문화에 이르게 되었어. 이로부터 형성된 다양한 문명 중 우리에게 익숙한 세계 4대 고대 문명이 있지. 기원전 4000~3000년경 큰 강 유역에서 발달한 최초의 인류 문명들 말이야. 나일강 유역을 중심으로 한 이집트 문명, 티그리스강과 유프라테스강 인근의 메소포타미아 문명, 인더스강 유역의 인더스 문명, 그리고 중국 황하 지역의 황하 문명.

우리는 세계 4대 문명이 발달할 수 있었던 공통적인 이유로 흔히 '큰 강 유역에 있어 관개 농업을 위한 물이 풍부하다', '교통이 편리하고 기후가 따뜻한 북반구 지역이다', '땅이 기름져 식량이 풍부하다'를 대표적으로 꼽아 왔어. 하지만 이 외의 다른 이유는 없는 걸까? 지구상에는 수많은 강이 있고, 당시 인류가 제각각 물을 구하기 쉽고 기름진 강 유역에 자리 잡고 번성

3장 원소, 인류 문명에 이정표를 세우다

하기 시작했을 텐데 단순히 큰 강 유역이기에 4대 문명이라 칭할 만큼 성장할 수 있었던 것일까? 여기서 우리가 놓치고 있는 사실이 있어. 세계 4대 문명이 지금까지 인류의 역사로 남을 수 있는 이유는, 문명이 크게 발달했거나 규모가 커서가 아니라 당시의 여러 유산이나 자료가 보존되어 있기 때문이라는 사실이야.

문명 측면에서 청동기의 사용, 문자 기록의 잔여, 도시국가의 형성과 사회·문화·종교 측면에서의 유산. 이 모든 것이 가능하려면 단순히 돌이 아닌 활용성과 보존성이 우수한 새로운 물질들이 필요해. 결국 화학적인, 그리고 원소적인 측면에서 판단하건대 세계 4대 문명의 형성지에는 새롭고 다양한 원소들이 존재했을 거야. 원소들의 집약체인 인간이 새로운 원소를 다뤄 문명을 형성하는 과정, 생각만 해도 흥미진진하지?

금속 문명의 태동, 청동기 시대

구석기와 신석기 시대 이후, 인류는 처음으로 금속을 사용할 수 있는 순간을 맞닥뜨리게 되었어. 이 문명기는 바로 동기 시대(Copper age)라는 짧은 순간이야. 덴마크의 고고학자였던 크리스티안 위르겐센 톰센(Christian Jürgensen Thomsen, 1788~1865)이 고안한 선사 시대 역사 구분의 삼시대(석기-청동기-철기 시대) 체계에 포함되지 않기에 많은 경우 대수롭지 않게 넘기지만, 이로부터 인류가 처음으로 자의적으로 사용이 가능했던 금속이 무엇이냐는 질문에 답할 수 있게 되었어. 답은 구리(Cu)야. 수많은 금속 중 구리가 사용된 이유는 비교적 간단해. 당시에는 철과 같은 금속을 녹일 정도로 아주 높은 온도(철의 녹는점은 1538도야)를 만들어 낼 수 없었기 때문에 광석이 아닌 금속 상태로 땅속에 매장되어 있거나 낮은 온도에서도 원소를 추출해 낼 수 있는 물질이어야만 손쉽게 사용할 수 있었거든.

구리는 녹는점이 비교적 낮은 편이라(1084.6도) 원하는 형태로 성형하기 쉬워서 석기 시대 이후 새로운 물질로 관심 받았어. 하지만 철에 비해 상대적으로 무른 금속이라, 채취도 쉽고 사용과 보관도 용이한 석기를 대체하지 못하고 사회 전반에서 석기와 비슷한 수준으로만 사용될 뿐 시대를 대표하는 금속 원소가 되지는 못했어. 참고로 구리라는 이름은 구리의 생산지로 지중해 지역에서 유명했던 키프로스의 라틴어 명칭 cuprum에 기인하고 있어. 원소기호가 Co가 아닌 Cu인 이유가 바로 여기에 있지. 또 하나 재밌는 건 구리는 같은 11족에 속한 은이나 금에 비해 가격이 저렴했기 때문에 이후에는 동전과 같은 주화를 만드는 데 사용되었어. 이후 사용되던 은화, 금화와 함께 이들 11족을 흔히 '주화 금속'이라 부르는 이유지.

본격적인 금속 문명은 청동(bronze)을 형성해 다룰 수 있게

3장 원소, 인류 문명에 이정표를 세우다

된 시기라 할 수 있는데, 이를 청동기 시대(Bronze age)라 불러. 앞서 언급했던 세계 4대 문명, 그리고 우리나라의 경우에는 고조선 시대가 여기에 해당하지. 청동은 이미 제련이 가능하게 된 구리와 새로운 원소인 주석(Sn)의 합금을 일컬어. 구리와 주석은 너무나도 무른 금속이라 사용이 어렵지만 둘을 섞어 청동을 형성한 경우에는 괜찮은 수준의 강도에 이를 수 있었어. 하지만 잘 만들어진 석기 무기와 충돌했을 경우에는 휘거나 구부러져 사용이 어려운, 애매한 수준의 강도였지만 다시 열을 가해 녹여 복구를 할 수 있다는 높은 장점 때문에 석기 시대를 대체할 수 있었지.

물론 먼 훗날에는 금속 원소들의 합금을 만드는 기술이 더욱 발전해서 청동의 강도가 철보다도 뛰어날 만큼 발전했어. 이는 무기의 대량생산을 가능하게 했고, 국지적인 부족 간의 싸움이 아닌 '전쟁'이라는 행위가 처음으로 터져 나오는 계기가 되

었지. 구리보다 확보하기 어렵던 주석을 차지하는 일이 실질적인 문명 세력을 판가름하는 요인이었는데, 이를 위해 유럽-지중해 그리고 중동-아시아 간의 주석 '무역'이라는 장거리 교류가 활성화되었어. 교통이 편리한 곳에 자리 잡아 번성할 수 있었던 세계 4대 문명의 비밀이 여기서 하나 풀린 셈이지.

이 시대에 흥미로운 사실 하나가 있어. 단체 농경 생활을 하며 점차적으로 거대화된 문명에서는 지도자가 필요했겠지? 초자연적인 현상에 대한 경외심이 '종교'적 대상과 '제사'라는 행위로 이어졌고. 고조선의 유물로 알려진 청동검과 청동방울 등의 물품들이 바로 의식용으로 사용되던 것들이었어. 또 제사를 주관하는 제사장이라는 '계급'이 형성되면서 권력자의 자기 과시를 위한 장신구를 만드는 사치 문화가 형성되기 시작했지. 이 모든 결과가 구리와 주석이라는 두 가지 원소를 합쳐 청동으로 변화시키는, 원소의 화학을 인간이 이룩한 덕분이야. 그러니 그 유기적인 상관관계는 의미가 매우 큰 걸 알 수 있지?

현재진행형, 철기 시대

철은 현대 사회 어디에서나 찾아볼 수 있고, 우리 주위 모든 곳에서 유용하게 사용되는 금속 원소라는 것은 누구도 반대할 수 없는 자명한 사실이야. 철의 발견으로부터 전쟁의 양상, 농업혁명 등 모든 문명이 급격히 바뀌었다고 추론하게 되지만 실상은 그것과는 거리가 멀어. 인류는 청동기 시대에도 철을 부분적으로 사용해 오긴 했어. 지금처럼 철광석을 가열해 철을 제련해 내는 방식과는 조금 다른, 철로 이루어진 운석(대기권을 통과하며 이미 제련이 끝나 버린!)을 사용해 만든 '운철'이라는 종류의 희귀한 철이 대부분이긴 했지만 말이야. 철기 시대가 청동기 시대보다 늦게 도래하게 된 것은 이러한 기술적인 문제 때문이었어. 사실 구리나 주석에 비해 지각 내 철의 매장량이 적어서 그럴 것이라는 오해도 있었지만, 철은 지구에 아주아주 풍부한 원소였거든. 구리보다 녹는점이 약 530도 정도나 더 높다는 사실이, 단순한 모닥불이나 아궁이로는 철을 제련해 낼 수 없는 한계에 부딪쳐 발전이 지체됐지. 결국 제련에 성공했지만 청동기 시대 초기의 청동이 석기보다도 약해서 한정적으로 사용되었던 것과 마찬가지로, 철기 역시 발달된 청동에 비해 쓸모없을 정도로 약했어. 왜냐하면 청동기는 휘거나 구부러져서 고칠 수 있었지만, 철기는 제련 기술 부족으로 아예 똑 부러져 버릴 정도였거든. 이 문제는 나중에 해결되었는데, 생체 내에서 뼈대를 만드는 데 큰 역할을 하는 탄소를 기억하지? 탄소가 철에 섞여 들어가면 강도가 매우 향상된 '탄소강'이 만들어진다는 사실을 발견하면서부터 실질적인 무기, 생활용품, 농기구의 제작이 비로소 가능하게 되었지.

비밀 하나를 더 알려 주자면, 우리가 일상적으로 지어 먹는 밥 역시 철기 시대가 되어서야 보급되었어. 청동 그릇은 밥을 지을 수 있을 정도로 열에 안정하지 못했거든. 우여곡절 끝에 개발된 철기는 우리의 삶을 윤택하게 만들며 급속도로 문명이 발달하는 도약대가 되었어. 지금도 우리 주위의 자동차, 건물, 생활용품 등 철이 사용되지 않는 곳을 찾아보기 어려울 정도로 철은 우리 산업과 사회 전반을 구성하는 핵심 원소야. 그래서 지금 우리가 사는 21세기 시대 역시, 이전과 마찬가지로 철기 시대로 분류하기도 해.

삼시대 체계를 통한 석기, 청동기, 철기의 구분을 그 핵심 원소를 바탕으로 살펴보았어. 대부분의 문명은 이에 기반해서 발전해 왔지. 물론 주석처럼 구할 수 있는 지역이 비교적 제한된 원소들로 인해, 청동기 시대를 건너뛰고 석기 시대에서 곧바로 철기 시대로 진입한 문명도 중앙아프리카 지역에는 존재하고 있던 만큼, 어떠한 원소가 그곳에 얼마나 많이 매장되어 있느냐는 문명의 발전 속도와 한계를 결정짓는 매우 중요한 요인이었어.

황금, 욕망과 계급의 정점에서

그 시대를 알기 위해서는 언어와 문자를 살펴봐야 한다는 이야기를 들어 봤니? 우리와 가장 가까이 있던 황하 문명, 즉 중국을 통해 문자와 문명, 그리고 그다음 이야기들을 해 보자.

월화수목금토일의 요일을 나타내는 한자 중에서도 손쉽게 찾아볼 수 있는 '金'으로부터 우리는 금속 원소의 종류와 흐름을 되새겨 볼 수 있어. '쇠 금'이라고 흔히 부르는 것처럼, 철을 의미하는 한편 종종 귀금속의 일종인 금을 말할 때도 자주 사용하는 글자지. 하지만 청나라 당시에는 '오색금(五色金)'으로 불리면서 다섯 가지 색을 내는 '금속' 자체를 의미하는 단어였어. 이다섯 가지 색의 금속은 백(白)금, 청(靑)금, 적(赤)금, 흑(黑)금, 그리고 황(黃)금을 말하는데, 각각 은, 청동, 구리, 철, 금을 지칭했지. 이 金이라는 한자는 다섯 가지의 의미 중 시대에 따라 다른 것을 의미했는데, 이로부터 당시 문명의 단계와 사회적으로 중요시되는 것이 무엇인지를 추적해 볼 수 있어.

중국 역사상 최초 국가인 은나라 시대에는 金이 청동을 대표하는 단어로 자연스럽게 사용되어 왔고, 이후 철기 시대가 펼쳐지며 우리가 아는 '쇠 금'이라는 용어로 넘어가게 되었어. 지금은 어때? 황금이라고 말하지 않아도 金이라는 단어를 보면 철보다는 금을 떠올리게 되지 않았어? 청동기 시대부터 형성되어 온 계급 체계는 사유재산의 형성과 함께 개인의 욕망과 경쟁심을 부추기는 계층 형성으로 순차적으로 발전하게 되었지. 앞서 살펴본 부족장이나 제사장, 혹은 많은 재산을 소유한 계급의 사람들이, 남들과는 다른 자신의 위치를 시각적으로 과시하기 위해서 몸을 치장하고 꾸밀 수 있는 무언가를 원하던, 일종의 사치 문화의 형성 말이야. 청동이 실용성이 작았던 초기 청동기 시기에는 의식용품이나 장신구로 주로 사용되었던 것처럼, 희소하고 특별하지만 실용성이 적은 금속류는 언제나 다른 사람과의 차별성 또는 자기과시를 위해 사용되기 매우 적합한 소재였어. 은 그리고 금은 이를 위한 가장 완벽한 원소였지. 특히 흔히 찾아보기 어려운 노란빛을 띠는 금속이면서 산소와의 반응(산화)에 안정해서 광채를 잃지 않는 금은 가장 매혹적인 귀금속이었지. 그 찬란한 노란 광채로 인해 고대부터 태양을 상징하는 원소였고, 신화, 왕권, 종교 모든 영역에서 고귀함을 상징해 왔어. 금의 원소기호인 Au는 라틴어 aurum에서 유래했는데, 단어의 뜻 자체가 여러 언어권에서 공통적으로 '빛나는 새벽'을 의미할 정도니 얼마나 우러러보게 되는 금속 원소였는지는 말할 필요도 없지.

인간이 행동하도록 동기를 부여하는 방법은 여러 가지가 있겠지만, 물질적 보상을 하는 것이 가장 간단하면서도 확실한 방법일 거야. 특히 문명이 발달하고 많은 사람이 모여 계급이

원소 쫌 아는 10대

생겨나자 지배계층은 이러한 특별함에 의존해 자신을 더 위로
끌어올리고자 하는 욕망으로 들끓었어. 다양한 종류의 문명에
서 금이 가장 대표적인 유물로 남아 있는 경우가 많아. 이집트
투탕카멘의 황금가면, 황금의 도시 엘도라도, 잉카 문명의 금,

가라앉은 아틀란티스의 황금처럼 모든 실존했던 혹은 환상 속의 문명들은 관심을 유지시키는 가장 훌륭한 매개체를 금으로 여겼어. 자본주의가 자리매김하게 되며 금의 가치는 더욱 높아져만 갔어. 탐험가, 보물선, 미국의 서부개척시대 골드러쉬 등 금을 찾는 사람들을 다루는 영화나 소설, 현실에서도, 금은 욕망을 대변하는 훌륭한 배출구로 활약해 왔지. 이후에는 그 가치의 사회적 활용을 국가 단위에서 조절하는 은화 혹은 금화와도 같은 화폐로 유용하게 사용되었어. 현대 사회에서도 금의 중요성은 매우 높아. 예전처럼 장신구나 비축자산으로 사용되기도 하지만 실제 금의 가치는 끝없이 높아지고만 있어. 금은 매우 얇게 펴서 적은 양으로 원하는 표면을 덮을 수도 있고, 훌륭한 전기전도도와 내산화성이 있기 때문에 전자제품의 회로를 만들 때도 사용돼. 휴대폰, 컴퓨터, 랩탑 등 현대 사회를 지탱하는 전자기기들의 제조에 금이 무척 유용하게 쓰이고 있지.

납, 시대의 굴곡 사이사이

사용 원소를 기반으로 한 시대적 분류 외에도, 많은 역사 소설이나 이야기에서 언급되어 온 각 나라의 기념비적인 시대들이 있어. 가장 대표적으로, 복잡한 유럽에서 강력한 패자로 자리매김하며 문화의 전성시대를 이룬 로마 제국과 역사상 가장 넓은 영토를 차지한 몽골 제국이 있지. 특히 로마 제국의 경우 강력한 세력과 문화로 오랜 번영을 누려 왔는데, 왕정과 공화정 시대까지 고려한다면 무려 2200년이나 유럽을 석권한 최강의 제국이라 할 정도였지. 물론 로마 제국의 시작과 멸망까지의 세세한 이야기들도 굉장히 재미있는 내용이겠지만, 우리는 하나의 원소의 시점에서 로마 제국을 보자.

주인공은 납이야. lead('레드'라고 읽어야 해!)라는 영어 단어와는 상관없는 Pb라는 원소기호로 표현되지. 근대에 새롭게 발견되어 발견자의 이름이나 도시의 이름, 나라의 이름 등을 기리며 명명된 원소와는 다르게, 고대부터 사용되어 온 원소들은 그리스어나 라틴어, 혹은 각 문명의 고대어에 근간을 두고 있는 경우가 많아. 납의 원소기호 Pb는 납을 의미하던 라틴어 plumbum으로부터 유래했어.

그런데 이 단어와 굉장히 유사한 단어가 영어에 있는데 혹시 생각나니? 바로 배관을 의미하는 plumb이나 배관공이라는 뜻의 plumber야. 배관은 액체나 기체의 수송에 사용되는, 유체가 통과하는 길을 의미하는데, 라틴어의 본고장인 로마의 이름 높던 상수도 시설에서 단어가 유래했어. 흔히 '시저'라고 불리는 로마 제국의 가장 유명한 장군이자 정치가 율리우스 카이사르에 의해 로마의 세력이 공고해진 이후, 후계자인 아우구스투스는 지지기반을 공고히 하기 위해 평민들을 위한 상수도 시설 건설에 박차를 가하게 돼. 그 결과로 실용적 문화의 대표적 건축물인 수로교(Roman aqueduct)가 건설되고 공중목욕탕과 모의해전 경기장 등의 급수 시설이 완성되었지. 지금도 수로교는 위대한 건축물로 로마의 상징 중 하나로 여겨지고 있지만, 문제는 수로교의 상수도관을 만드는 데 납을 사용한 부분이야. 납은 무른 금속이고, 구리처럼 지각 내에서 굉장히 얻기 용이한, 한마디로 다루기 쉽고 편리한 금속 원소여서 상수도관 제작에 사용되었기에 현재 유사한 많은 어휘가 남아 있지. 하지만 인체에 유입될 경우 잘 배출되지 않고 뼈 속에 쌓여 납중독이라는 무서운 부작용을 일으키는 중금속 원소야. 또한 로마인들이 즐겨 마시던 포도주를 납으로 만든 그릇에서 끓이거나 보관하면 화학 반응이 일어나 단맛을 내는 물질을 만들어 냈기 때문에, 이를 즐겨 먹기도 해서 그 문제는 더욱 컸어.

물론 납이라는 원소 하나가 로마 제국 멸망의 가장 큰 이유라고 말하기는 어렵지만, 많은 귀족, 시민, 노예가 고통받게 된 원인이었고, 결과적으로는 작게나마 문명의 쇠락을 일으켰다고도 할 수 있겠지. 현재도 2000년 이후부터는 납의 독성에 대한 많은 우려로 인해 기존에 편하게 사용하던 페인트, 도료, 휘발유 등에서 납 성분을 제거한 '무연' 제품들만 사용하도록 규제할 만큼 일상에서 주의해야 하는 원소 중 하나야.

규소, 제2의 석기 시대로

철을 비롯한 여러 금속 원소의 합금은 원자들 간의 배열과 조합을 조절하여 우리가 예상하지 못했던 수많은 특성을 만들어 현대 사회를 윤택하게 하고 있어. 이제껏 살펴보았던 청동(구리+주석), 강철(철+탄소)부터 시작해서 녹이 슬지 않는 주방용품을 만들 때 사용하는 스테인리스(철, 크로뮴, 몰리브데넘, 니켈 등의 합금)나 항공기의 핵심 재료인 두랄루민(알루미늄, 구리, 마그네슘, 망가니즈, 텅스텐 등의 합금)과 같은 첨단 금속 원소 합금까지 그 가능성과 활용도는 계속해서 증가하고 있지.

현대 사회가 철을 주로 사용하여 여전히 철기 시대로 불린다고 했지만, 철 자체의 활용보다는 새로운 원소의 활용도가 현대 사회에서는 급속도로 증가하고 있기 때문에 또 다른 재미있는 시대 분류법이 등장했어. 바로 처음으로 돌아간 석기 시대, 혹은 '제2 석기 시대'가 그 주인공이야. 돌도끼가 다시 쓰이는 것도 아닌데, 어떻게 해서 이런 명칭이 붙게 된 걸까?

그 이유는 실리콘이라고도 불리는 규소(Si) 때문이야. 주기율표에 다양한 종류의 원소들이 있기에 이들의 특성에 기반해서 또 다른 분류를 시도해 볼 수 있어. 전류, 곧 전기를 얼마나 잘 통하게 하느냐의 척도인 '전기 전도도'에 따른 구분인데, 우리가 알다시피 전기를 잘 통하게 하는 물질을 '도체'라 부르고 대표적인 원소는 '금속' 상태로 이루어진 원소들을 꼽을 수 있어. 전선을 만들 때 사용하는 구리나 앞서 살펴본 것처럼 전자제품의 회로를 만들 때 사용하는 금, 그리고 철과 같은 금속이 아주 훌륭한 도체지. 그럼 반대로 전기가 잘 통하지 않는 물질도 존재하겠지? 이러한 물질을 '부도체'라 부르고, 금속 상태가 아닌 '비금속' 원소들이 주로 여기에 해당해. 산소, 황, 인, 수소 등이 부도체 특성을 갖는 대표적인 비금속 원소야.

하지만 이런 전기 전도도가 정확히 선을 그어 나눈 것처럼 도체나 부도체로만 나뉘지도 않을 텐데, 어중간한 정도의 특성을 가진 원소들은 뭐라고 불러야 할까? 정답은 생각보다 간단해. 금속과 비금속의 절반 정도의 특성을 갖기 때문에 '반금속' 또는 '준금속'이라고 부르고, 특성 또한 도체와 부도체의 절반 정도이기 때문에 '반도체'라는 용어를 쓸 수 있어. 어때, 어원은 정확히 몰랐더라도 반도체라는 말은 여기저기서 들어 보았지? 반도체 물질들은 우리가 전기를 전달하는 특성을 조절할 수 있기 때문에, 전자기기를 만드는 데 가장 중요한 물질로 주목받으며 활용되고 있어. 여러 우리나라 기업들이 반도체 생산에 많은 노력을 기울이고 있고, 결과적으로 반도체 개발과 생산에서 우리나라가 세계에서 가장 뛰어나다는 평가를 받고 있다는 이야기를 들어 본 적 있을 거야.

반도체 특성을 갖는 준금속 원소에는 대표적으로 일곱 종류가 있어. 13족의 붕소(B), 14족의 규소(Si)와 저마늄(Ge, 게르마늄이 아니야! 저마늄이 올바른 이름이니 제대로 된 이름을 불러 주자), 15족의 비소(As)와 안티모니(Sb), 그리고 16족의 텔루륨(Te)과 폴로늄(Po)이 그 주인공이지. 이 원소들 중 전자기기 제조에 필요한 반도체를 만드는 데 가장 널리 사용되는 원소가 바로 규소야. 다른 원소들도 물론 우수한 능력을 가지고 있지만, 규소는 우리 주위 어디에서나 찾아볼 수 있을 만큼 흔한 원소라 가격마저 저렴하다는 대체 못 할 장점이 있거든. 우리가 길을 걷다 바닥에서 흙을 한 줌 주워 올린다면, 엄청난 양의 규소를 움켜쥔 거라고 생각해도 돼. 규소는 모래 속에 아주 많거든. 결국 규소가 없다면 최첨단을 달리는 현대 사회의 문명을 이룩하는 게 사실상 경제적으로 불가능했을 테지. 대표적인 예로 최첨단 전자 기업들이 모여 있는 미국의 연구개발 단지 중 '실리콘 밸리'가 있어. 실리콘, 즉 규소라는 말이지. 돌, 청동, 그리고 철과 같이 시대를 상징하는 도구를 만들기 위해 사용되던 금속 원소 이름으로부터 시대의 이름이 붙게 되었던 것처럼, 우리가 살아가는 현대 사회는 문명을 구축하고 있는 전자기기를 만드는 데 사용되는 모래에서 얻은 규소로부터 제2 석기 시대라고도 불리고 있어. 어때, 재미있지 않아?

규소에 대해 재미있는 이야기 하나 더 알려 줄까? 규소는 탄소와 같은 14족에 자리 잡은 원소인데, 이 때문에 다른 원소와

3장 원소, 인류 문명에 이정표를 세우다

의 결합에 기여할 수 있는 최외각 전자의 개수 또한 탄소와 같은 4개야. 그 말은 생명을 구성하는 뼈대 역할을 하는 탄소를 대신해서 규소가 비슷한 역할을 할 수도 있을 거라는 말이야. 지구에서는 탄소가 공기 중의 이산화탄소나 음식을 통해서도 쉽게 얻어지기 때문에 거의 모든 생명체는 탄소로 구성되어 있을 수밖에 없어. 하지만 땅에 뿌리를 내리고 살아가는 식물의 경우에는? 식물은 지각의 규소를 흡수해서 자체 방어나 생장에 활용하고 있어. 또한 규소 세포벽이나 식물석(Phytoliths)을 형성해서 몸의 구조에 일부 활용하기도 하지. 이러한 사실로부터 미항공우주국(NASA)과 학자들은 외계 생명체 중에는 규소로 뼈대를 이루고 있는 '규소 생명체'들이 있을 수 있다는 가능성을

두고 계속해서 우주를 탐사하고 있어.

지구인은 지구에서의 상황 위주로 많은 탐구를 하고 있지만, 환경이 완전히 다른 우주나 다른 행성에서는 어떤 현상이 일어날지 모르기 때문에 원소들의 가능성은 우리 생각보다 훨씬 더 크고 흥미진진할 거야. 원소를 찾는 이유, 과정, 그 의미를 떠올리면 계속 생각할 부분이겠지? 계속해서 문명과 학문, 그리고 원소의 비밀스러운 관계를 찾으러 떠나 보자.

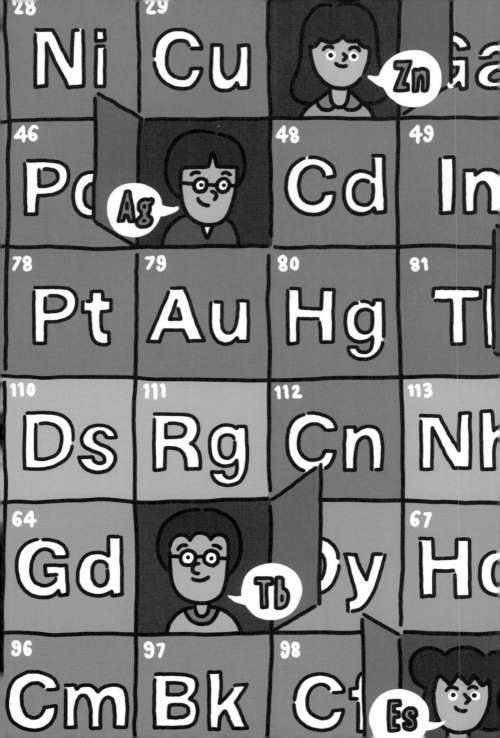

연소라는 최초의 화학 반응이 발견된 이후, 인간은 이를 활용해 감춰진 원소들을 찾아내고 물건을 만들고 문명을 이룩해 왔어. 구리와 철의 녹는점 차이가 문명 세력의 극심한 차이로 이어진 것처럼, 한 원소의 발견이나 관련된 화학 반응의 발견이 시대의 변곡점이 되기도 했어. 문명과 사회 전반을 이루던 원소의 종류에 따라 시대적 구분이 이루어졌던 것처럼, 현대 화학의 기반이 형성되고 학문적 발달이 급격히 이루어진 중세 시대를 대표하는 학술적 기준은 굉장히 친숙한 용어라는 사실에 깜짝 놀랄지도 몰라. '금으로 정련하는 기술'이라는 의미의 연금술이 그 주인공이고, 이 번성했던 학문을 탐구하던 학자들을 연금술사라고 하지.

연금술과 연금술사는 영화, 소설, 동화 등 수많은 매체에서 한 번쯤은 접해 보았을 거야. 하지만 '연금술사' 하면 대부분 환상 동화 속 마법사처럼 신비한 일을 만들어 내는 불가사의한 존재거나, 불가능한 일에 매달리는 바보거나, 값싼 물질을 금으로 바꾸려는 어리석고 탐욕스러운 인물을 떠올려. 정말로 그럴까? 원소 이야기에서 빠지지 않고 언급되는 연금술과 연금술사는 과학적이지 않은, 단지 한 시대에 깜짝 등장하고 만 일일까? 지금부터 이 흥미로운 이야기를 꺼내 보자.

작은 호기심이 만든 화학의 황금 불씨

인간에게 동기를 부여할 수 있는 강력한 요인은 물질적 보상 말고도 재미, 흥미, 호기심 이런 감정들이 아닐까 싶어. 비록 인류사의 더 먼 과거에는 생존과 번영을 위한 측면에서 원소의 활용이 주를 이루었지만, 이러한 흐름은 철기 시대가 진행되며 한계에 다다르게 되었어. 철보다 유용하고 편리하며 우수한 금속 원소를 찾아내지 못했기 때문이었지. 하지만 더 나은 무언가를 만들어 내기 위한 수많은 시도 중에 이제껏 관찰하지 못했던 새로운 특성의 물질들을 발견하게 되었고, 호기심에 기반한 본질적인 분석과 탐구가 현대 화학을 이루는 밑거름이 되었어. 실제로 과거 중세 연금술의 전성시대에 만들어진 실험 기구, 실험 방법, 연구 접근법 등은 모두 현재도 큰 변화 없이 적용되고 있을 만큼 매우 과학적이고 혁신적이었다고 할 수 있거든. 우리가 알고 있는 비커, 플라스크와 같은 도구들이 모두 그 당시에 고안된 것들이니 말이야.

고대 그리스에서 시작된 4원소설부터 여러 고대 문명의 발달 과정에서 발견된 원소까지, 과거를 풍미했던 여러 원소 외에 학자들의 호기심을 자극했던 대표적인 원소로 두 가지를 꼽을 수 있어. 그중 하나는 앞서 인간의 신체를 이루는 중요한 원소들 중 하나였던 황(S)이야. 황은 유황이라고 불리던 이름처럼 화산지대에서 흔히 발견되는 원소야. 특유의 불쾌한 냄새와 함께 펄펄 끓어오르는 화산지대에 있었기 때문에, 성경을 비롯한 고전 서적들은 흔히 지옥을 묘사할 때 '황으로 된 연못' 등으로 자주 표현하곤 했지. 황은 독특한 특성이 하나 있어. 고체 상태의 황은 노란빛의 광석 형태로 존재하는데 온도가 높아져 액체 상태가 되면 붉은빛으로 바뀌어 흐르게 돼. 여기서 더 높은 온도가 가해지면 푸른빛 불꽃을 내면서 활활 타오르지. 이러한 현상은 당시 사람들에게 굉장히 신기한, 혹은 무서운 광경이었을 거야.

또 다른 예상하지 못했던 성질의 원소는 바로 수은(Hg)이야. 수은은 진사(Cinnabar)라는, 수정과 유사한 결정 형태를 갖는 붉은빛의 광석을 반응시켜서 얻을 수 있었던 물질이었어. 흔히 우리는 수은에 대해 상온(일상적인 온도, 보편적으로 섭씨 25도)에서 액체 상태로 존재하는 유일한 금속 원소라고 알고 있어. 금속임에도 액체인 물질. 수은이 형성되는 과정을 발견한 당시의 학자들에게는 도저히 믿을 수 없는 신기한 광경이 아닐 수 없었겠지. 분명 붉은색 돌이었는데 열을 가했더니 은백색 광채가 나는 흐르는 금속이 생겨나니 말이야.

결과적으로 황과 수은은 동양과 서양의 독립적인 문화권에서 서로 간의 문화 교류 없이도 발견되었고 그에 대한 연구가 이루어져 기존의 금속, 돌, 기체 등과 같은 단편적인 물리적 특성과는 별개의 '변화'를 포함한 물질임을 사람들이 인식하게 되었어. 수많은 분야에 활용할 수 있도록 연구가 계속되었고, 황과 수은 모두 치료제로 사용되는 등 우리가 상상하지 못할, 약간은 당혹스러운 분야에까지 그 활용이 확장되었지.

이 두 원소 역시 인류 문명의 발달 과정에서 중요한 역할을 해. 황의 경우에는 단순한 나무나 석탄과 같은 당시의 연료들보다 우수한 발화 능력을 가지고 있었기에, 숯 그리고 질산칼륨이라는 물질과 섞어 '흑색 화약'이라는 인류 최초의 폭발물 혹은 추진체의 개발에 활용되었어. 칼과 창, 그리고 화살 정도의 단순한 냉병기로 이루어지던 과거의 전투 양상이 총과 대포로 대표되는 화기의 발명을 통해 급격하게 변동하게 되었다고 할 수 있을 정도니 인류사에 굉장히 큰 획을 그었다고 할 수 있었겠지.

수은은 보다 본질적인 인간의 욕망을 자극하고 연구의 원동력을 제시했어. 동양에서 이것을 가장 잘 설명할 수 있는 사람은 중국 최초의 중앙 집권적 통일제국인 진나라의 시초 '진시황'이야. 황제로서 인간의 한정된 수명을 극복하고자 하는 열망으로 불로장생을 추구했었다는 일화는 낯설지 않을 거야. 불로장생을 위한 수많은 방법 중에서 진시황이 가장 매력을 느꼈던 것은 수은이었어. 광석으로부터 추출하는 과정뿐만 아니라 액체 상태의 중금속인 수은은 사람을 현혹시킬 수 있는 매우 흥미로운 특징이 있었는데, 바로 우리가 두려워하는 체내 중금속 누적과 수은 중독이라는 현상이었지. 지금은 납이나 수은과도 같은 중금속이 인체에 매우 유해하다는 사실을 알기에, 이전까지는 종종 사용되어 오던 수은 온도계마저 다른 물질로 모두 대체할 만큼 우려를 표하는 원소이지만, 과거에는 우리나라를 비롯한 동양권 국가들은 진사를 약으로 사용할 만큼 이에 대한 지식이 부족했어. 수은이 피부에 흡수되면 근육을 경직시켜 주름을 펴게 하고, 피부 속 모세혈관의 혈류를 방해해 피부를 창백하고 하얗게 만든다고 해. 자세한 이유를 모르고 결과만을 본다면, 주름이 펴지고 안색이 밝아지는, 일종의 '젊어지는' 현상이 일어나는 것이라고 착각했던 것도 그리 이상한 일이 아니지. 여하튼 진시황은 수은이 일으키는 신체 변화에 매우 긍정적인 관심을 보였고, 당시 신선사상을 바탕으로 무위자연을 근간으로 하던 도교에 매우 큰 투자를 하지. 새로운, 그리고 효과적인 불로장생의 약을 만들어 내라고 말이야. 결과적으로 진시황은 수은 중독으로 사망하고, 후대 황제들도 여럿 수은으로 유명을 달리하게 되지만, 최고 통치권자에 의한 국가적 연구분야 지원은 급속도로 화학(당시에는 연단술이라고 불렸던)의 발달을 촉발하게 되었어.

물론 황의 경우와 마찬가지로 수은 역시 서양에서도 유사한 방식으로 활용된 사례가 있었는데, 바로 영국의 엘리자베스 1

세 여왕이었어. 엘리자베스 여왕은 어린 시절 천연두로 인해 피부에 흉터가 많고, 주위 강대국과의 정치 외교를 위해서는 여성 통치자로서 강한 이미지를 가져야만 했기에 납과 수은으로 만든 화장품을 얼굴에 바르고 생활했다고 알려져 있어. 물론 결말은 건강상의 악화로 인해 비극적으로 끝났지만 말이야.

이처럼 기존의 단순한 원소설 이후 수천 년이라는 긴 시간 동안 유용한 금속 원소와 물질이 하나하나 발견되면서 서서히 전개되던 인류 역사는, 황과 수은이 새롭게 발견되면서 급물살을 타게 돼. 4원소나 5행에 납, 황, 수은 등을 추가한 7원소설이 등장하면서 철학적으로도 학문의 범위가 넓어졌어. 무엇보다 상태가 변하고(고체에서 액체로, 액체에서 고체로) 색상과 외형이 바뀌는 두 원소가 변화를 공부하는 학문인 화학의 발달을 실질적으로 가속화한 동력이 되었지.

연금술로 손잡은 동과 서

지금까지 동양과 서양이라는, 물리적·사상적으로 확연히 구분되는 두 지역에서 발생한 새로운 원소의 발견과 그것이 일으키는 사회적 파급 현상을 살펴보았어. 그런데 지금은 세계 어느 지역에서든 공통되는 원소의 이름과 표현법, 원소에 대한 이해를 바탕으로 학문이 구성되어 있는데, 이러한 체계화와 통일은 어떻게 이루어졌을까?

동서양의 문화가 대규모 무역로의 개척과 함께 융합하여 새롭게 탄생한 것처럼, 원소에 대한 탐구와 관점의 변화, 본격적인 활용 역시 중국부터 중앙아시아를 거쳐 이스탄불과 로마까지 무려 1만 2000킬로미터 이어진 비단길(Silk Road, 실크 로드)의 형성에 기반하고 있어. 물론 처음에는 사치품으로서 비단이 수출의 주를 이루었지만, 점차 헬레니즘·오리엔트·비잔티움을 비롯한 유라시아 전역의 문화가 융합하는 계기가 되었어. 이 문화 속에는 언제나 새로운 무언가를 찾아 헤매던 학자들의 지식 교류도 포함되어 있었고 말이야. 동양과 서양에서 황과 수은이라는 새로운 물질을 매개체로 확장되기 시작하던 원소와 물질에 대한 탐구는 결과적으로 이 시기에 폭발적인 발전을 이루었어.

비록 산업이 학문과 지식을 기반으로 경제적인 가치를 추구하고 있다곤 하지만, 학문 자체가 물질적인 가치만을 추구하며 형성되었다고 말하기는 어려울 거야. 연금술이 바로 이에 해당하는 연구 분야인데, 연금술을 둘러싼 감추어진 사실과 진실에 대해서 이야기해 보자. 현대에는 흔히 연금술을 물질에 대한 변질된 욕망, 즉 돈에 대한 탐욕 때문에 생긴, 납(鉛, 납 연)을 금으로 바꾸는 기술이라 생각하곤 해. 하지만 그 단어를 다시 한 번 관심을 갖고 찾아본다면 '단련하다' 또는 '정련하다'라는 의미의 한자(鍊, 단련할 연)가 사용되고 있음을 발견할 수 있지. 조금 이상하지? 그동안은 납에 화학적인 변화를 줘서 금을 만들어 부를 창출하고자 하는 의미로 생각해 왔는데 말이야. 이러한 명칭이 붙게 된 이유를 원소설의 시작이라 할 수 있는 고대 그리스의 4원소 이야기로 되돌아가 보면 찾을 수 있어.

초기 데모크리토스가 불, 물, 공기, 흙의 4원소를 발견한 이후, 유명한 철학자였던 소크라테스의 제자 플라톤(Platon)은 정다면체의 발견에 관심을 갖고 있었어. 한 종류의 도형으로만 이루어져 있는 입체 도형인 정다면체들 중 비교적 빠르게 발견된 네 가지 종류의 도형이 있었는데, 정삼각형만으로 이루어진 정사면체, 정팔면체, 정이십면체와 정사각형만으로 이루어진 정육면체가 그 주인공이었어. 하나의 모양으로 만들어졌음에도 어느 방향에서 봐도 대칭적인 모양을 가진 흥미로운 도형들이었기 때문에, 플라톤은 우주를 구성하고 의미하는 도형들이라 생각했지. 자연스럽게 같은 의미를 갖고 있던 4원소를 각각의 정다면체에 대입해서 4원소설을 완성하게 되었어. 하지만 그 이후 정오각형으로 이루어진 다섯 번째이자 마지막 정다면체인 정십이면체가 발견됨에 따라, 4원소설을 확장시켜 무언가를 대입해 완성해야 한다는 생각을 하게 되었어. 플라톤과 이후 아리스토텔레스는 우주 전체, 정신, 영혼 등을 대입한 아이테르(aither, 흔히 에테르라고 불려)를 짝지어 물질 그 이상의 존재를 상정했어. 이를 기반으로 발달해 온 원소설과 초기 화학에서는 아직 원자의 존재에 대한 구체적인 확인이 없었기 때문에, 관찰되는 변화가 세상을 구성하는 성질들 간의 상호작용과 그 외의 부가적인 고차원적 현상에 의해 지배받는다고 여겼지.

이를 바탕으로 동서양의 지식 융합과 학문(연금술)의 성립이 이루어졌기 때문에, 초기 연금술의 목적은 인간이 속한 우주에서 일어나는 물질의 변화(화학)를 관찰해, 이를 바탕으로 하찮

은 나의 정신을 '정련'해 금같이 고귀하게 만들자는 일종의 마음 수련이었어. 한마디로 '진리'를 찾기 위한 실험 중심의 끝없는 여정이었지. 철학처럼 사고 중심의 학문이 아닌, 실제 변화를 일으키고 관찰하는 행위로 구성된 실험 중심의 학문이었기에 연금술이 탄생시킨 결과들은 현대 화학에서 무시 못 할 큰 중요성을 갖게 돼.

현대 화학의 실험 기구와 실험 방법의 토대

연금술을 미신이나 마술처럼 화학의 불합리한 과도기로 생각할 수도 있겠지만, 연금술이 현대 화학에 미친 영향은 그 누구도 괄시하기 힘들어. 가장 대표적으로 현대 화학에서 사용되는 수많은 실험 기구와 실험 방법이 만들어진 시점이었어. 앞서 인체를 구성하는 원소들 중 '빛을 가져오는 자'라는 이름으로 불리는 인(P)을 다시 한 번 불러와 볼게. 도깨비불이라는 자연현상으로 사람들에게 노출된 지는 오래되었겠지만, 원소로서의 인을 발견하고 그 발광 현상을 확인한 순간은 역사적 순간일 테지. 그런데 약간은 지저분하면서도 흥미로운 과정을 통해 인이 발견되었어. 1669년 독일의 연금술사 헤닉 브란트(Hennig Brand)가 소변 1100리터(!)를 숙성시켜 이를 증류하면서 약 60그램의 인을 얻었다는 사실. 당시 브란트는 납을 금으로 바꾸는 등 물질을 자유자재로 변환시키는 기적을 일으킬 수 있다고 여겨진 '현자의 돌'을 만드는 연구에 몰두해 있었는데, 이를 위한 실험의 일환으로 위와 같은 엄청난 기행을 행동으로 옮겼다고 해.

이 광경은 연금술 역사에서도 파격적인 이야기 중 하나이기에 많은 삽화가 인의 발견 장면을 모사하고 있어. 그림을 잘 살펴보면 우리가 흔히 사용하는 둥근바닥 플라스크에서 빛을 내는 인을 볼 수 있고, 그 뒤 장식장들에는 현재 우리가 사용하는 것과 유사한 플라스크나 비커처럼 유리로 만들어진 실험 기구들이 진열되어 있는 모습도 볼 수 있지. 또한 실제적인 실험 역시 '가열을 통한 증류'(소금물 같은 화합물이 분해되어 있는 용액에서 용매를 증발시켜 용질만을 얻는 방법)라는 방법을 지금과 완벽히 동일하게 행했던 사실도 미루어 짐작할 수 있어.

이처럼 당시는 지금보다 더 적은 정보로 복잡한 물질들을 어떻게든 분리하고 확인해야 하는 시기였기 때문에, 계속해서 새로운 실험 기구와 실험 방법들을 개발하는 데 노력을 기울였어. 이때 만들어진 실험 기구와 방법들은 (조금 더 편의성을 고려해 개량되긴 했지만) 여전히 사용되고 있지. 이것 하나만으로도 연금술이 현대 화학의 토대라는 사실은 부정할 수 없을 거야.

최초의 원소기호들

연금술이 발달하면서 새로 생겨나 누적되는 지식의 양 역시 점차적으로 증가했어. 물론 그 과정에서 무의미한 결과를 만들어 내는 실험의 조건들이나, 원하던 흥미로운 결과를 탄생시킨 실험의 조건들 역시 수많은 연금술사에 의해 계속해서 생겨났지. 나름의 성과가 나타나자 학자들은 대체로 자신의 연구 결과를 발표해 명예를 얻기도 했지만, 자신만의 비법이나 기술을 감추기 위해 알아보기 힘들게 기록을 남기는 일 역시 늘어났어. 이를 위해 당시 통용되던 물질의 일반적 명칭이 아닌 별자리, 기호 등 다른 방식으로 물질을 간략히 표현하는 일이 많아졌지. 어떤 식으로 실험을 했는가 역시 글로 남기기보다는 마치 그림일기와도 같이 은유적인 방식으로 기록을 남기곤 했지. 비록 그 목적은 자신의 비전을 숨기기 위해서였지만 이러한 간략한 표현법은 화학자들만의 언어를 만들어 내는 긍정적인 면도 있었어.

이후 더 많은 원소가 발견되고 원자와 원소에 대한 개념이 확립된 이후에는 원자설을 확립한 영국의 화학자 돌턴이 동그라미 속에 그림이나 문자를 넣어 표현하는 일괄적인 방법을 개발하여 보급되게 되었지. 추후 베르셀리우스가 알파벳 하나 혹은 두 글자로 원소를 표현하는 방법을 고안함에 따라, 현재 우리가 주기율표에서 보는 화합물의 성분을 표현하는 원소기호가 완성되었어. 연금술사의 새로운 시도는 하나의 언어를 새로 만들어 내듯, 화학자들이 보다 효율적으로 정보를 나눌 수 있는 의사소통 방식을 창조하는 데 큰 역할을 하게 되었다는 것이지!

후퇴한 연금술은 화학의 진화를 낳고

지금까지 살펴본 바에 따르면 연금술은 자신의 정신을 갈고 닦는다는 숭고한 목적을 가졌고, 현대 화학에서 사용되는 실험 기구, 실험 방법, 새로운 원소의 발견과 원소기호의 고안 등 수많은 업적을 남겼다는 사실을 간단히 알 수 있어. 하지만 어째서 우리는 연금술이라는 말로부터 단순히 납을 금으로 바꾼다는 탐욕스러운 느낌을 크게 받게 되어 버린 걸까? 그건 연금술이 어느 순간 그 목적과 의미가 변질되어 버렸기 때문이야.

사실 이와 같은 학문의 변질이나 왜곡은 과거부터 현재까지 늘 있었던 일이야. 비록 그 본질적인 의미와 과정이 흠잡을 곳 없이 좋았다 하더라도, 하나의 학문이나 사회적인 분위기가 주류를 이루게 되는 순간, 이를 불순한 의도로 활용해 자신의 욕심을 채우려는 일종의 '사기꾼'들은 곳곳에서 생겨나 왔어. 흔히 우리가 뉴스에서 부정적인 이미지로 접하는 여러 종교의 어두운 모습이 현대의 예시라고 생각해 볼 수도 있겠다. 결국 정신적인 의미로의 '금'을 만드는 것이 아니라, 실제로 저렴하고 큰 쓰임새가 없던 금속인 납을 이용해서 귀금속인 금을 만드는 것이 가능하다고 주장하며 귀족들에게서 투자를 이끌어 내는 행태가 만연하게 되었어. 지금도 마찬가지지만, 금이 통용화폐이자 자산의 큰 부분을 차지하던 중세 시대에는 이와 같은 연금술의 가능성은 사회적으로 굉장히 큰 파급을 가져왔어. 왕정국가로서 왕권의 유지가 중요했고, 종교 그리고 귀족과의 조율이나 균형을 위해서는 세금을 통해 유지되는 부의 축적이 중요했거든. 하지만 연금술사와 특정한 세력과의 결탁은 왕정 유지에 불안 요소가 되기도 하였고, 국고 자금 사용에 필수적인 의회

동의의 과정을 생략할 위험성도 안고 있었지. 실제로 '금 또는 은을 만드는 행위는 중범죄로 간주한다'라는 연금법이 영국 의회에서 1405년에 제정되었고, 당시 국왕인 헨리 6세는 존 콥과 존 미스텔든이라는 연금술사에게 왕립 연금술사 허가증을 발부했던 적도 있었지.

이처럼 연금술은 돈과 권력 양쪽에 굉장히 매력적인 장치로 여겨지기 시작했는데, 오히려 원소의 발견과 화학의 발달이라는 측면에서는 부분적이지만 긍정적인 형태로 작용했어. 알다시피 호기심이라는 감정이 그 분야에 관심 있는 사람들의 적극적인 참여를 이끌어 낼 수 있지만, 대다수 사람의 적극적인 활동을 유도하기 위해서는 금전적인 혹은 물질적인 보상이 있어야만 가능하기 때문이지. 아무런 상도 수여되지 않는 대회에는 참여자가 적지만, 상금과 상품이 있는 대회라면 많은 사람이 관심을 갖고 모여드는 것과 같은 맥락이라고 생각하면 이해가 쉽게 가지? 비록 지금은 물질만능주의 혹은 천민자본주의적인 과거로 여겨지고 있지만 연금술의 기원 자체는 숭고한 정신적 계몽을 목표로 했고, 그 변질 이후에도 현대 화학의 기틀을 닦는 데 매력적인 장치로 작용했다는 사실을 기억한다면 화학의 큰 맥락 중 하나를 정확히 이해한 셈이야.

연금술의 빛나는 후예들

근대 및 현대 화학의 전신이라고도 할 수 있는 연금술의 태동과 발달, 그리고 쇠락에 대해서 우리는 간단히 살펴보았어. 그렇다면 이처럼 한 시대를 풍미했던 연금술이 화학으로 전환된 시기는 언제였을까? 가장 중요한 역할을 한 사람은 17세기 영국의 철학자이자 화학자, 물리학자였던 로버트 보일(Robert Boyle, 1627~1691)이었어. 당시 우선 실험을 먼저 해 보자는 접근 방식으로 수많은 실험 중 성공한 하나를 찾아내는 데 더 큰 노력을 기울였던 중세 연금술사들과는 다르게, 보일은 어떠한 '가정'도 없이 실험을 설계하고 관련된 실험 데이터들을 명확하게 분석하는 방법을 택했어. 심지어 실험한 날과 온도, 풍속, 압력, 해와 달의 위치 같은 사항들마저 명확하게 기록해서 기술로서의 연금술을 뛰어넘어 화학이라는 학문이 탄생하는 기틀을 닦았지. 심지어 보일은 《회의적 화학자(The Sceptical Chemist)》라는 본인의 저서에서 4원소설을 부정하고 원소는 실험적인 분석에 의해서만 얻어진다고 주장했는데, 알려진 금속 원소들과 몇몇 새로운 물질들을 섞고 태우고 분리하는 지난한 작업만을 하던 연금술사들이 이후 진정한 과학자로 거듭나는 데 훌륭한 조언이 되었어.

결국 이후로는 단순히 금속들을 변형시키는, 인류 선사 문명

103

의 연장선에 속했던 연구 범위에서 벗어나게 돼. '기체화학'이라 불릴 정도로 다양한 상태를 갖는 물질과 이를 구성하는 원소의 정성적인(물질의 성질 확인에 기반하여 존재 유무를 인지하는) 발견이 18세기부터 주를 이루게 돼. 앞서 살펴보았던 수소(H), 질소(N), 산소(O)와 같은 중요 원소들부터 이들의 화학 반응으로 형성되는 산화질소(NO)나 암모니아(NH_3) 같은 화합물 또한 이 당시에 발견되기 시작했지. 사실상 사용하는 실험 기구나 실험 방법 등이 유사했기 때문에 당시에는 연금술(alchemy)과 화학(chemistry)의 구분이 크지 않은 상태였는데, 이후 대다수의 연금술사가 정신적 가치를 모두 버리고 금을 만드는 방법을 찾는 데에만 몰두하기 시작하면서 대중에게는 연금술이 사기 그 이상도 그 이하도 아닌 잡스러운 분야로 인식되었지. 하지만 이후 18세기부터 보일의 사상을 이어받은 후대 화학자들의 활약으로 화학은 순조롭게 연금술의 위치를 대체하며 지금까지 온전히 전해 내려오게 되었어.

대표적인 18세기의 화학자로, 화학의 시초라 할 수 있는 '연소' 반응을 관찰하고 산소와 수소를 발견했던, 그리고 정량적인(물질량의 측정에 기반하여 반응의 상관관계를 파악하는) 실험으로부터 '질량 보존의 법칙'을 밝혀낸 프랑스의 화학자 라부아지에(Antoine Laurent Lavoisier, 1743~1794)가 있어. 라부아지에의 발견은 기체 상태로 존재하는 원소들의 특징에 대해 파악할 수 있

는 계기가 되었고, 이후 18세기 말에 일어난 산업혁명으로부터 원소의 종류와 물질의 반응에 대한 정량적인 실험과 설계의 중요성은 계속 부각되었지. 정량적인 반응 관계로부터 돌턴은 원자론을 창설하였고, 이후 아보가드로(Amedeo Avogadro, 1776~1856)의 원자의 양에 대한 관계와 분자에 대한 개념으로부터 근대 화학은 드디어 그 모습을 드러내게 되었어.

이제 연금술이 시대에서 차지하던 부분들은 철저히 계산되고 탐구된 학문으로서의 화학이 채우는 시대가 시작되었어. 하지만 우리가 변질되고 쇠퇴한 연금술에 대한 이야기에 더 친숙해서 그렇지, 이제 알게 된 본질적인 의미를 생각한다면 뭔가 조금 아쉽다는 생각이 들지 않니? 굉장히 숭고하고 긍정적인 목표로 가득한 가치였는데 말이야. 우리가 미처 몰랐지만 연금술의 가치를 계승해 온 학자들이 존재했어. 이름을 들으면 우리가 아! 하고 감탄할 만한 그런 유명한 학자 세 명을 소개할게.

만유인력의 법칙, 뉴턴

첫 번째 연금술사는 위인전에서 누구나 한 번쯤은 만났을, 혹은 일화를 들어 보았을 아이작 뉴턴(Issac Newton, 1642~1727)이야. 나무 밑에서 떨어지는 사과를 맞고 만유인력을 생각해 냈다는 이야기는 진위를 떠나서 흥미로운 과학 속 이야기 중 하나가 아닐 수 없어. 뉴턴은 이 외에도 미분과 적분에 대한 개념을 확립했고, 반사 망원경을 발명했으며, 프리즘으로 빛을 탐구하는 등 어마어마한 업적을 남긴 천재 과학자라고 할 수 있지.

사실 이 때문에 많은 사람이 오해하는 부분이 있어. 바로 뉴턴의 직업이 물리학자 혹은 수학자일 것이라고 생각하는 부분인데, 당혹스럽지만 자연과학 분야의 연구는 뉴턴이 취미생활로 했다고 알려져 있어. 뉴턴 본인이 생각하는 자신의 직업은 신학자와 연금술사라고 해. 신학에 매우 큰 관심이 있어서 오랜 시간을 이를 위해 소요했고, 연금술사로서 현자의 돌을 만들기 위한 연구에 평생을 바쳤지. 실제로 뉴턴의 연금술 관련 연구 내용을 기록해 둔 노트가 아직까지 남아 있을 정도야. 뉴턴이 17세기 중반부터 18세기 초반까지 생존했다는 점을 고려한다면(당시는 여전히 연금술이 주류를 이루던 시기였으니) 그다지 이상한 일은 아닐 거야. 물론 이 외에도 뉴턴은 국회의원(1689년)으로도 활동했고 영국의 화폐를 설계하고 관리하던 왕립 조폐국의 이사(1696년)로 위조화폐범을 잡기 위한 탐정까지도 했을 정도니 정말 다재다능한 사람이 아닐 수 없어.

괴테 혹은 파우스트

연금술이 정신적 가치를 추구하는 학문이었다면, 꼭 실험을 해야만 하는 과학자에게 국한될 필요가 있을까? 그 답은 우리에게 친숙한 독일의 대문호 요한 볼프강 폰 괴테(Johann

Wolfgang von Goethe, 1749~1832)에게서 찾을 수 있어. 괴테가 태어나 성장한 시기는 역사적으로도 문화적으로도 굵직한 일들이 많았어. 고전주의와 낭만주의를 거쳤으며, 프랑스 대혁명이라는 전 세계적으로 영향을 미친 사건과 마르크스의 등장도 있었지. 종교개혁과 헬레니즘에 기반한 인간 중심 휴머니즘의 태동, 그리고 신비주의적인 게르만 민족 정서 간의 혼란과 융합의 시기에 괴테는 깊은 고뇌를 하며 자신을 찾으려는 노력을 기울였어. 괴테 일생을 관통했던 시대적 배경과 그의 연금술사적인 사상은 대표작 《파우스트》로부터 찾아볼 수 있어. 《파우스트》는 스물네 살에 구상해서 60년 동안 집필을 이어가 생을 마감하기 전해에 완성된 대작인지.

사실 게오르크 파우스트(Georg Faust)는 16세기에 실제 생존했던 연금술사였어. 괴테는 자신을 파우스트에 투영해 이야기를 재창조하였는데, 세상과 무관하게 숭고한 가치를 추구하는 괴테의 자아였던 파우스트와 세속적 욕망 자체를 의미하는 메피스토펠레스라는 악마 사이의 이야기를 다루고 있어. 현재의 인공지능(AI: artificial intelligence)과도 비견할 수 있는 호문쿨루스라는 인조인간(이는 과거 연금술사 파라켈수스가 처음 만든 개념이었어)의 도움으로 자신을 구원하는 재미있지만 어려운 이야기지. 괴테는 평생을 바친 이 작품에서 연금술의 신화적 개념을 많이 사용했고, 결과적으로 인간으로서의 가치의 근원을 찾아내려

원소 쫌 아는 10대

노력했지. 금처럼 고귀한 자신을 만들어 내는 과정 속에서, 인간이 추구해야 할 가치들의 중요성을 눈여겨본 거야. 비록 과학실험을 통한 물질적 변환을 수행한 것은 아니지만, 원소설의 초기에 우주와 정신이 존재했듯 이를 바탕으로 사고실험을 끝없이 수행한 사람이라고 할 수 있어.

융의 콤플렉스에 담긴 연금술

조금 더 현대로 옮긴다면 20세기 위대한 심리학자였던 카를 융(Carl Gustav Jung, 1875~1961)을 꼽을 수 있어. 굉장히 의외라고 여길 수도 있지만, 심리 연구와 인간 탐구에 평생을 바쳤던 그의 인생을 생각한다면 그가 연금술의 정신적 가치를 계승했다고 보는 것이 그리 이상한 일은 아니야. 지그문트 프로이트와 함께 정신분석학을 대표하는 양대 학자로 꼽히는 융은 분석심리학이라는 분야를 열었고, 인간의 무의식과 집단무의식에 대한 연구를 통해 우리가 흔히 말하는 콤플렉스(현실 행동이나 지각에 영향을 미치는 무의식의 감정적 관념)를 처음 제안했어. 이 과정에서 융은 연금술 공부가 인간 정신을 탐구하는 데 큰 도움이 되었다고 직접 밝히기까지 했지. 단순히 변화의 전후 관계만을 생각하는 성격의 연금술이 아니라, 그 과정에서 일어나는 단계적인 순간들을 인간을 대입해 연구하곤 했어. 자기 정체성을 찾는 첫 단계, 내적 어둠을 극복하는 두 번째 단계, 그리고 정신적 대립이 해소되며 균형을 이루는 마지막 단계까지, 현자의 돌을 만들기 위한 과거 연금술사들의 해석을 인간에 대입해 자신의 이론을 완성하려 노력한 사람이었어.

이처럼 연금술이라는 학문은 비록 변질되어 사라졌지만, 그 영향은 현재에도 곳곳에 남아 있어. 과학 분야에서는 실험 도구와 실험 방법, 접근법, 사고방식, 결과의 해석 등 많은 부분이 여전히 유효하고, 정신적 측면에서도 문학·이학 등 과학 이외의 다양한 분야에서 유용하게 쓰이고 있지. 사실상 우리가 살아가는 시대의 과학자, 특히 화학자들은 연금술사의 후예라 해도 크게 틀린 말은 아닐 거야. 물질의 변화와 활용뿐만 아니라 윤리적이고 도의적인 측면까지 고려하면서 학문과 사회를 위해 기여하고 있으니 말이야.

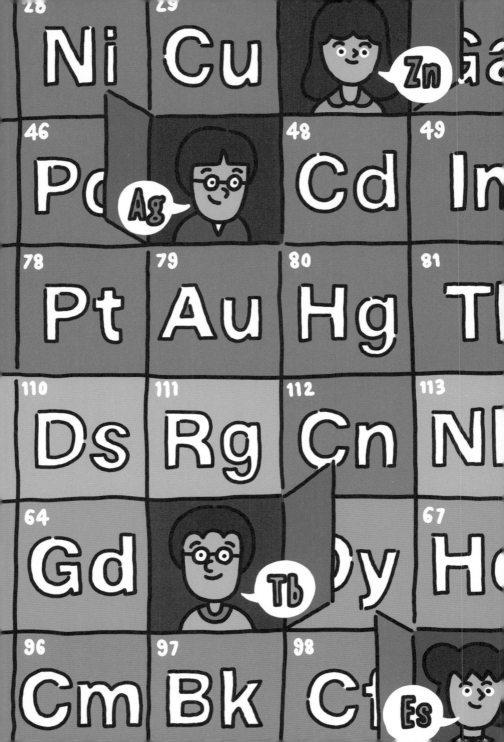

33
34
35
Ge
As
Se
Br
53
Sr
5장
I
85
원소를
가져다준
전기에게
박수를!
At
118
Fl
Ts
71
Er
Lu
101
102
Fm
Md
N
Lr

지금까지 정성적 실험 위주의 중세 연금술 풍조에서 정량적이고 분석적인 실험 중심의 근대 화학으로의 이동 과정을 살펴보았어. 그 안에는 앞에서 다루었던 기체 원소(수소, 산소, 질소 등)와 금속 원소(납, 구리, 금 등), 그리고 학문의 발달을 촉발한 황과 수은 정도를 제외하고는 새로운 원소에 대한 이야기가 특별히 없었지? 이는 당시에 채굴해서 제련이 가능했던 금속 원소들과 일상에서 흔히 볼 수 있는 기체 원소들을 다루는 것 말고 다른 원소들을 분리하거나 추출하는 과정이 어려웠기 때문이야. 연금술 시대가 중요한 건 연금술 자체가 근대 화학의 밑거름이라는 점. 또한 연금술 시대에 다양한 실험적 기법과 표기법이 만들어졌다는 사실 때문이야. 현대 화학이라는 특급열차가 출발 신호만을 기다리며 철로에 서 있는 상태와도 같았지.

화학이 제대로 선로를 따라 지금까지와는 다른 엄청난 속도로 달릴 수 있게 한 동력은 연금술 시대에는 불가능했던 원소들의 폭발적 발견이었어. 연금술이 근대 화학이라는 기차를 만들고 그 기차가 운행하는 선로를 놓았다면 기차를 움직이게 한 실질적인 에너지는 지금까지 없었던 원소들이었다는 거지. 그렇다면 그 원소들은 어떻게 발견했을까? 그 키는 '전기'가 쥐고 있어. 지금부터 연금술 시대가 끝나 가는 18세기로 떠나 보자.

원소 쫌 아는 10대

사실 18세기 초부터 시작된 산업혁명은 편의상 사학자들에 의해 1차 산업혁명으로 분류되고 기계혁명이 그 주를 이뤘어. 1705년 토머스 뉴커먼의 증기기관 발명은 인간이 기계의 힘을 이용하도록 했고, 이로부터 급격한 산업 발달과 기계화된 노동력 창출이 이루어졌지. 하지만 우리가 지금 주목하는 것은 그 이후, 2차 산업혁명이라고도 일컬어지는 전기혁명이야. 우리는 전기가 생겨나고 흐르는 원리를 원자를 구성하는 핵심 요소인 전자로부터 이해할 수 있어. 원자 중심에 뭉쳐 있는 원자핵 속의 양성자나 중성자는 외부로 간단히 튀어나오거나 바깥에서 안으로 들어갈 수 없다고 했지. 하지만 바깥쪽의 전자는 비교적 간단한 자극이나 충격으로도 외부로 떨어져 나갈 수 있기 때문에, 전자가 이동할 수 있는 길이 연결되어 있다면 흐름이 생겨날 수 있을 거야. 전선으로 구성된 회로가 전자가 이동하는 길이 되고, 이 길을 따라 이동하는 전자들의 흐름이 전기의 발생이라 이해할 수 있지.

이런 이야기를 왜 하냐고? 원자를 구성하는 양성자, 중성자, 전자는 원소에 따라 그 개수가 일정해. 그런데 전자가 원자 안팎으로 이동하다니, 그건 원자의 중성 상태가 깨진다는 얘기지. 전기적으로 중성 상태를 유지하는 안정한 상태인 원자가 전자를 잃어버리거나 얻으면, 양전하를 띠는 양이온(Na^+, Ca^{2+}와 같은)이나 음전하를 띠는 음이온(O^{2-}나 Cl^- 등)이 형성되지? 양과 음, 이런 '극성'을 갖는 이온들은 흔히 꺾여 있는 구조로 인해서 한쪽 방향으로 치우치는 '극성'을 갖는 물과 같은 용매에 잘 녹아. 이로 인해 우리는 소금이라고도 불리는 염화소듐($NaCl$)을 물에 녹여 전해질을 만들 수 있어. 전해질은 전하를 띠는 이온들의 형태로 용액 속에 존재해서, 전기가 잘 흐르게 해 주는 물질을 의미해. 다양한 양이온과 음이온이 모두 전해질에 해당하겠지.

자, 마지막으로 정리해 보자. 세상에는 전하가 짝을 이뤄 합쳐진 이온들로부터 물에 잘 녹는 여러 종류의 화합물이 존재해. 화합물 상태에서 이온들은 양전하와 음전하의 합이 중성이 되도록 안정하게 존재하지만, 전해질의 형태로 녹아 있을 이온을 우리가 보고 싶은 원자의 형태로 된 순수한 원소들로 분리해 내기 위해서는 음이온에 과잉되어 있거나 양이온에 부족한 전자를 맞춰 줘야만 추출이 가능할 거야. 어떻게 맞춰 주냐고? 그건 1장에서 이온화를 설명할 때 말한 전자의 이동을 임의로 조절할 수 있으면 돼. 그리고 이제 우리는 전기라는 유용하고 강력한 에너지를 다룰 수 있게 되었으니, 이제껏 고체나 기체 상태가 아니어서 분리가 불가능했던 세상의 수많은 원소를 찾아낼 준비가 끝난 거야!

　전구를 밝히는 에디슨의 전기, 비 오는 날 연을 띄워 유리병에 전기를 모으던 패러데이의 전기. 이 중 원소 발견에 사용했던 전기에너지는? 미안하지만 둘 다 아니야. 답은 알렉산드로 볼타(Alessandro Giuseppe Antonio Anastasio Volta, 1745~1827)가 만든 볼타 전지야. 1800년 볼타는 두 종류의 다른 원소(예를 들면 구리와 아연)로 이루어진 금속판이 전해질에 담긴 채 전선으로 연결되었을 때, 추가적인 처리 없이도 저절로(자발적으로) 전기가 생성된다는 사실을 발견했어. 현재는 이를 '화학 전지'의 시작이라고 칭하지. '산화(Oxidation)'와 '환원(Reduction)'이라는 짝지어진 반응이 이 발견의 화학적인 배경이야.

　이 중에서 우리가 주목할 부분은 전자를 관점으로 한 산화와 환원 반응이야. 산화 반응을 통해 하나의 전극을 구성하는 물질이 전자를 잃어버리고, 그 전자가 튀어나와 전선을 타고 이동해서 다른 전극으로 들어가 환원 반응을 일으켜. 이렇게 산화와 환원이 동시에 짝지어져서 일어나는 전체적인 화학 반응이 볼타 전지의 기본 원리야. 전자가 과잉되어 있는 음이온에 산화 반응을 일으킨다면, 과잉 전자를 잃어버리며 중성인 원자로 바뀌게 될 거고, 우리는 원소를 얻을 수 있을 거야. 마찬가지로 전자가 부족한 양이온에 이렇게 생겨난 전자를 넣어 줘서

117

중성 원자로 이루어진 원소를 또 얻을 수 있을 테고 말이야.

산화는 산소와 결합하거나, 수소를 잃어버리거나, 전자를 잃어버리는 총 세 가지 관점에서 정의하는 화학 반응을 의미해. 환원은 그 반대로 산소를 잃어버리거나, 수소와 결합하거나, 전자를 얻는 화학 반응이고. 우리는 비교적 쉽게 산화를 주위에서 관찰할 수 있어. 지구 대기에 충분하게 존재하는 산소가 철과 같은 금속과 반응해서 산화된 금속으로 변화시키는, 곧 금속을 녹슬게 하는 것, 이것이 바로 산화 반응의 대표적 예이지. 산소(O) 입장에서는 철로부터 전자를 얻어서 환원이(O^{2-}) 된 것이고, 반대급부로 철(Fe) 입장에서는 산소에게 전자를 빼앗겨서 산화가(Fe^{3+}) 된 것이지.

$$4Fe + 3O_2 \rightarrow 2Fe_2O_3$$

이처럼 산화와 환원은 짝을 이루어 함께 일어났고 그것이 화학 반응을 일으켰어. 이렇게 형성된 산소 음이온과 철 양이온을 원래 상태로 되돌릴 수 있는 방법이 있을까? 자연스럽게 철이 녹스는 것처럼, 모든 화학 반응은 자발적으로 일어나는 반응과 비자발적인 반응으로 구분할 수 있어. 녹슨 철이 다시 번쩍이는 금속 철과 호흡할 수 있는 산소로 되돌아가는 것은 비자발적인 반응이라고 할 수 있어. 이처럼 스스로 일어날 수 없는 비자발적인 산화—환원 반응을 강제로 일으켜 주는 것, 곧 산화—환원의 핵심 요소인 전자의 이동을 임의로 조절하는 방법을 찾아낸 것이 인류가 전기를 마음대로 활용하며 다양한 이온들로부터 원소를 발견한 방법이었어.

볼타 전지는 짝지어진 산화와 환원 반응의 원리로 만들어진 거야. 두 개의 물질이 반대쪽 전극에 있고, 한쪽 전극에서 잃어버린 전자(산화)가 바로 소모되지 못하게 구성된 회로를 따라 반대쪽 전극(환원)으로 들어가서 사용될 수 있도록 설계되었지. 이를 적용한다면 우리가 원하는 지점에서 원하는 물질이 환원될 수 있도록 자유자재로 조절할 수 있을 거야.

이처럼 쉽게 고안하기는 어려울 수 있지만 실제로는 간단한 반응을 이용해서 다양한 원소를 세상에 알린 화학자가 있었으니, 영국의 화학자 험프리 데이비 경(Sir Humphrey Davy, 1778~1829)이야. 험프리 데이비 경은 여러 개의 볼타 전지 판이 직렬 연결된 형태의 장치를 고안하여, 여기서 생성되는 전기에너지를 통해 여러 원소의 최초 발견에 기여했어. 그중에는 우리 몸의 필수 원소이자 주위에서도 흔히 살펴볼 수 있는 1족 알칼리금속 원소인 소듐(Na)과 포타슘(K), 그리고 2족 알칼리토금속 원소인 칼슘(Ca)과 마그네슘(Mg)이 대표적이야.

사실 이름을 들어 보면 굉장히 익숙한, 우리 주위에서 찾아보기 쉬운 원소들인데 어째서 이렇게 발견이 늦었을까? 바로 앞서 말한 산화 때문이야. 1족 원소와 2족 원소의 별명에 '알칼리'라는 접두어가 붙은 것은, 물과 반응했을 때 염기성 용액을 생성하기 때문이야. 이를 활용해 옛날에는 식물을 태운 재(앞서 살펴본 소듐과 포타슘의 발견 과정을 보면 여기 많은 양이 들어 있었겠지?)로 흔히 '양잿물'이라고 부르던 염기성 용액을 만들어 빨래나 비누 제조에 사용하곤 했다고 해. 이는 결국 1족, 2족 원소들이 물을 구성하는 산소와 굉장히 강한 친화력을 갖기 때문이라고 할 수 있어. 심지어 번쩍번쩍 광택이 있는 1족, 2족 금속 원소를 공기 중에 방치해 두면 공기 중의 산소와 반응해 산화되어 금방 표면이 하얗게 변하는 현상도 발생해. 이 때문에 금속 상태의 소듐이나 포타슘과 같은 물질은 물이나 공기가 닿지 않도록 석유와 같은 기름에 담가 보관하지.

지구상에 순수한 금속 상태로 존재하는 1족이나 2족 원소들은 지각 내에서 발견할 수 없었기 때문에 이제껏 화합물로는 확인되어 널리 사용되었지만(바닷물의 짠맛을 내는 염화소듐을 염전에서 생산해 사용해 온 것이 좋은 예시야), 원소로서의 발견은 이루어지지 않았지. 험프리 데이비 경은 원소로서의 소듐을 분리해내기 위해, 염화소듐을 용융해 앞서 말했던 볼타 전지 장치를 활용했어. 여기서 중요한 사실은 우리가 흔히 생각하듯 염화소듐을 물에 녹여 소금물을 사용하지 않고, 높은 온도로 가열해서 액체 상태의 염화소듐을 사용했다는 데 있어. 산화나 환원

원소 쫌 아는 10대

같은 전자의 이동이 더 잘되는 원소도 있고, 상대적으로 잘되지 않는 원소도 있기 마련이야. 만약 소금물을 사용했다면 소듐과 염소 이온 외에도 '물' 분자들이 존재하고 있겠지. 이 때문에 환원 반응이 일어나는 전극에서 소듐 양이온이 환원되어 원소가 추출되는 것이 아니라, 물이 분해되면서 수소 기체(H_2)가 발생하게 돼.

이처럼 어떠한 실험 조건으로 설계되느냐에 따라 완전히 다른 결과들이 얻어질 수 있는데, 험프리 데이비 경은 수많은 실

험을 통해 알칼리금속과 또 다른 알칼리토금속의 주요 원소인 스트론튬(Sr)과 바륨(Ba)을 발견하는 데 성공하지. 이 외에도 또 다른 원소를 더 발견하는데, 전기화학이라는 기법을 고안해 수많은 신규 원소를 발견한 공로로 준남작 작위를 수여 받으며 경(Sir)이 이름에 붙는 명예를 얻게 되었지. 이번엔 험프리 데이비 경의 빼놓을 수 없는 업적인 13족 원소의 발견 이야기를 들려줄게.

깨지지 않는 유리의 비밀, 붕소

가장 단단한 물질이 무엇이냐는 퀴즈의 답은 우리가 어렸을 때부터 익히 접해 모두가 알고 있을 거야. 바로 다이아몬드지. 다이아몬드는 우리가 보석으로 취급하는 물질의 한 종류이기도 하지만, 그 상세한 구조를 살펴보면 오로지 탄소만으로 이루어진 '홑원소'(한 종류의 원소로 이루어진) 물질이야. 한 종류로 구성된 물질들의 면면을 살펴보면 대부분은 다이아몬드처럼 엄청난 강도를 보이지 않는 편이야. 수소(H_2), 산소(O_2), 질소(N_2) 등의 기체부터 칼이나 가위로도 손쉽게 자를 수 있는 소듐(Na)이나 포타슘(K) 같은 고체까지 말이야. 탄소로 이루어진 다이아몬드가 이러한 물질보다 우수한 강도를 보이는 이유는, 우리 몸을 비롯한 여러 물질을 구성하는 뼈대로 사용되고 있을 정도로 주위 다른 원자들과 결합이 가능한 탄소의 특징 때문이야.

그렇다면 그다음으로 강한 홑원소 물질은 무엇일지 후보가 좁혀지게 되는데, 같은 족(14족)에 속해 비슷한 특성을 가질 것으로 예측되지만 원자의 크기가 더 큰 규소(Si)가 있어. 또 비슷한 크기를 갖지만 옆 족(13족)에 위치해 가지고 있는 전자의 개수와 가능한 결합의 개수가 모두 탄소보다 하나씩 적은 붕소(B)가 있지. 결론적으로, 붕소가 탄소의 뒤를 이어 매우 우수한 강도를 보이는 원소야! 붕소는 험프리 데이비 경이 붕산염 용액을 볼타 전지를 통해 전류를 흘려보내 처음 발견했어. 이러한 추출 없이 형성된 순수한 붕소의 경우 산화에 취약해 자연 상태에는 존재하지 않는다고 알려져 있어.

붕소의 쓰임새는 생각보다 굉장히 다양한데, 그중 가장 널리 사용되는 것은 유리 제품을 만드는 데 쓰이는 첨가제야. 요즈음은 그런 일이 거의 없지만, 예전에는 유리컵에 뜨거운 물을 넣거나, 차갑게 식히거나 할 때 유리가 갑자기 깨져 버리는 일이 잦았어. 유리는 우리가 알고 있는 규소(Si) 하나와 산소(O) 두 원자가 만나 서로서로 연결되면서 만들어진 물질인데, 열이 가해졌을 때 물질이 늘어나는 '팽창'의 정도가 생각보다 높아. 이 때문에 급격한 온도의 변화가 가해지면 견디지 못하고 금이 가고 곧 깨져 버리는 거지. 하지만 유리 제조에 붕소가 첨가된다면, 붕규소화 유리라는 새로운 물질로 재탄생하게 되는데, 열

팽창율이 극도로 낮아지게 되면서 온도 변화에도 높은 내구성을 보이게 돼. 현재 집에서 사용하는 유리컵이나 유리주전자 등은 모두 붕규소화 유리로 만들어졌기 때문에, 우리는 유리가 열에 약하다는 사실을 어느새 잊고 있을지 몰라.

붕소는 이 외에도 탄소나 질소와 함께 새로운 물질을 형성해 다양한 분야에서 사용되고 있긴 하지만, 사실상 가장 중요한 활용은 지금 말한 유리의 성능 향상이 아닐 수 없어. 과거 중세 시대부터도 사용되어 오던 유리로 만들어진 실험 기구들이 열에 더 잘 견디고 내구성이 높았다면 실험과 새로운 원소 발견에서도 더 큰 활약을 할 수 있었겠지. 19세기에 있었던 붕소의 발견과 붕규소화 유리의 발명으로부터, 현대 화학자들은 수백 도의 높은 온도에서 일어나는 흥미로운 화학 반응을 안전하고 투명한 실험 기구를 통해 관찰할 수 있다고도 말할 수 있지.

지금까지 험프리 데이비 경이 전기화학을 통해 산화와 환원을 조절하게 되며 새로운 원소들을 찾아내는 이야기를 함께 나눠 보았어. 오랜 옛날부터 과학자들의 지식은 계속해서 누적되어 후대로 이어지듯, 원소를 찾고 분리해 확인하는 새로운 기법들 또한 계속해서 그 깊이를 더해 가게 되었지. 우리가 모든 원소를 다 살펴볼 수는 없겠지만(미안, 사실 모든 걸 다 말해 주고 싶지만 이제 시간이 얼마 남지 않았어), 그 발견에 흥미로운 일화나 역사, 관계가 있는 원소들에 대해 소개해 볼게.

저 행성처럼 멋진 이름을 지어 줘

현재까지 발견되어 이름 붙여진 원소들, 그 이름은 누가 어떻게 정한 걸까? 기원전부터 중세 및 근대에 발견된 원소들의 이름과 어원을 우리는 간략히 살펴보았어. 물을 만든다(Hydrogen, 수소), 산을 만든다(Oxygen, 산소)처럼 근본적인 작용에 기반하거나, 그 원소가 발견된 물질(식물의 재로부터 유래한 소듐과 포타슘)을 기준으로 삼거나, 혹은 원소가 출토되던 지역의 이름(그리스 마그네시아Magnesia 지방에서 출토되던 마그네슘Magnesium, 그리스 키프로스Cyprus 섬에서 주로 생산되던 구리Copper) 등 다양한 경우가 존재했지. 하지만 이런 명확한 유래가 있는 원소들의 이름과는 다르게, 굉장히 기억에 남고 멋지지만 도대체 왜 이런 이름이 붙은 것일지 듣기 전에는 이해할 수 없는 원소들 또한 상당수 존재하고 있어. 바로 행성의 이름으로부터 그 호칭이 명명된 원소들 말이지.

인류는 언제부터 별을 바라보기 시작했을까? 정확한 시기를 알 수 없지만 단순히 바라보는 행위만을 생각한다면 유인원이 처음 지구상에 등장한 순간부터 태양, 달, 그리고 밤하늘의 별들을 바라봤겠지. 그렇다면 확실한 목적을 가지고 별을 바라봤던 것은? 별자리들을 기억해 계절과 자연의 시간을 알기 위해서, 또는 북극성처럼 움직이지 않는 별을 기준으로 방향을 잡기 위해서가 아닐까. 천문이라는 분야는 학문으로 확립되기 이전부터 인류 문명의 발달 과정에서 점성술이나 천도제와 같은 다양한 형태로 종교와 계급 측면에서 높은 활용 가치가 있었어. 별을 오랫동안 바라보고 그 규칙성을 파악하지 못한 사람이 아니고서야 우주 공간에서 지구의 위치와 예상되는 자연현상들을 파악하는 것이 사실상 불가능했을 테니 말이야. 자, 우리가 알고 싶은 원소의 이름을 정하는 작업은 바로 이 점성술로부터 처음 시작되었어. 비록 이후에는 위에서 언급한 것처럼 여러 가지 새로운 명명 방법들이 생겨나긴 했지만, 이 모든 작업의 시작은 점성술이었다 이 말이지.

고대 메소포타미아 지역에서 처음으로 시작된 점성술의 주 관찰 대상은 지구에서 살펴볼 수 있는 항성(스스로 빛을 내며 타오르는 태양과 같은 별)들로 이루어진 별자리, 태양계 내의 행성들, 그리고 주기적으로 지구 근처 밤하늘을 방문했다 사라지는 혜성과 예상치 못한 순간 보이는 유성들이었어. 이러한 천체들의 배열과 이동으로부터 농경, 전쟁 등의 국가에 영향을 미칠 수 있는 대형 사건들을 예측하곤 했지. 그리고 당시 제련기술의 부족 등으로 인해 지각 속에 다량 존재하거나 얻기 쉬운 원소들을 기준으로 철기 시대, 청동기 시대 등의 문명과 사회가 구성되었고 말이야.

결과적으로 인류 역사에서 가장 중요한 원소들로 여겨지던 7가지 금속 원소들을 점성술에서 가장 중요하다 생각되어 온 태양계 속의 7개 행성—태양·달·수성·금성·화성·목성·토성—의 공전속도, 색상 등의 유사성으로부터 상관관계를 찾아보려는 시도가 있었어. 물론 이 중 일부는 행성이 아닌 항성(태양) 또는 위성(달)이지만 당시엔 그런 정의를 만들 만한 천문학이 존재하지 않았기 때문에 편의상 7개 행성이라 말하곤 해. 이 7개의 행성에 당시 사용되던 7가지 핵심 원소들을 각각 대입해서 짝지어 주게 되는데 다음과 같아.

태양	–	불	–	금(Gold; Au)
달	–	물	–	은(Silver; Ag)
화성	–	불	–	철(Iron; Fe)
수성	–	없음	–	수은(Mercury; Hg)
목성	–	바람	–	주석(Tin; Sn)
금성	–	물	–	구리(Copper; Cu)
토성	–	흙	–	납(Lead; Pb)

행성 – 대응되는 4원소 – 원소의 순으로 나열해 본 건데 어때, 어디서 많이 본 모습이지? 과거에는 한 달 혹은 일 년과 같

은 시간의 경과를 파악하는 데 천체를 활용했기 때문에, 일주일을 구성하는 일월화수목금토의 구성 역시 여기에 기반하고 있어. 흔히 찾아볼 수 없는 황금빛 광채를 갖는 금은 태양에 대응되고, 밝은 은백색 빛을 보이는 달은 은에 대응되지. 화성은 보통 붉은빛 행성으로 관찰되었기 때문에 피와 녹을 연상시키는 철을, 태양계 첫 번째 행성이며 빠르게 공전하는 수성은 흐르는 금속인 수은에, 과거로부터 식품 보존 등에 사용되던 주석은 풍요와 중재를 의미하던 목성에, 여성과 생명을 의미하는 구리는 미의 여신인 금성을, 그리고 당시 발견된 원소 중 가장 무겁던 납은 태양계에서 가장 멀리 있는 것으로 생각되던 느리고 중후한 토성에 각각 나름의 의미를 갖고 짝지어졌어.

새로운 행성 하나에 새로운 원소 이름 하나씩

이 원소들은 모두 문명과 역사, 시대를 아우르는 핵심적인 금속 원소들이었기 때문에, 이러한 짝지음은 오랜 세월 의미 깊은 이정표로 여겨지며 사용되어 왔고, 그 이후 새로운 원소와 새로운 행성들이 발견됨에 따라 또 다른 짝지음이 앞다투어 이루어졌지. 물론 이 과정에서 기존에 짝지어졌던 행성-원소의 관계가 변경되는 일 역시 일어났어. 그럼 지금부터 천체로부터 이름이 유래한 다른 원소들의 이야기를 몇 가지 더 들려줄게.

지구와 달, 텔루륨과 셀레늄

점성술과 천문학은 하늘을 바라보며 천체를 관찰하는 것이 가장 중요한 관심 분야였기 때문에 정작 우리가 발을 디디고 살아가는 이 지구 자체에는 큰 관심이 없었어. 1782년 오스트리아—헝가리 제국의 뮐러(Franz-Joseph Müller von Reichenstein, 1742~1826)가 광석을 연구하던 중 무(radish; 농작물의 일종) 냄새가 나는 정체불명의 원소를 발견했어. 그러곤 이 원소의 이름을 짓기 위해 곰곰이 생각해 보았지만, 당시까지 발견된 태양계의 행성들은 이미 원소 이름을 짓는 데 사용된 상태였지. 이후 1798년 독일 화학자 마르틴 클라프로트(Martin Heinrich Klaproth, 1743~1817)가 아직 쓰이지 않은 지구의 그리스명인 텔루스(tellus)로부터 이 원소를 텔루륨(Tellurium; Te)이라고 이름 지었어.

이로부터 35년 후인 1817년 스웨덴의 화학자 베르셀리우스(Jöns Jakob Berzelius, 1779~1848)와 간(Johan Gottlieb Gahn, 1745~1818)은 황산을 정제하는 실험 도중 앞서 발견된 텔루륨과 매우 비슷한 성질을 갖는 새로운 원소를 찾아내기에 이르러. 이 원소는 화학적 성질이 텔루륨과 유사했으며, 언제나 텔루륨과 함께 얻어지곤 했기 때문에 지구와 그 위성인 달의 관계와 유사하다고 생각했지. 결국 달을 뜻하는 그리스어 셀렌(selene)으로부터 그 이름이 셀레늄(Selenium; Se)으로 명명되었어.

5장 원소를 가져다준 전기에게 박수를!

사실 이와 같이 쌍으로 이름 지어지는 원소는 텔루륨-셀레늄 이전에도 존재했어. 바로 1801년 발견된 나이오븀(Niobium; Nb)과 1802년 발견된 탄탈럼(Tantalum; Ta)이야. 이들은 강한 산성 용액에서도 녹지 않고 유지되었는데, 그 모습이 지옥에서 영원한 형벌에 고통받는 그리스 신화 속 탄탈로스 왕과 그의 딸 니오베의 이름으로부터 유래한 부녀 원소라고 할 수 있지. 어때, 원소가 발견되는 과정만큼 원소 이름이 지어지는 이유 또한 알면 알수록 흥미롭지 않니?

천왕성: 우라늄, 해왕성: 넵투늄, 명왕성: 플루토늄

　　점성술의 7개 행성 이외에 태양으로부터 더 멀리 떨어져 있는 행성들이 천체망원경의 진보와 함께 알려지기 시작했어. 그 과정에서 천체의 이름을 자신이 발견한 원소에 붙이고 싶었던 화학자들 역시 나타나. 그 시작은 1781년 처음 발견된 천왕성 (Uranus)과 1789년 발견된 원소인 우라늄(Uranium; U)이었어. 사실 천왕성은 관측이 용이한 날에는 육안으로도 관찰할 수 있는 행성이었는데, 너무 어둡고 느리게 움직여서(공전주기가 무려 84년이야!) 태양계의 행성이라는 생각을 대단히 오랫동안 하지 못했어. 하지만 이후 독일 태생 영국의 천문학자 윌리엄 허셜 경 (Sir William Herschel, 1738~1822)이 발견을 공표하며 태양계의 영역이 아주 오랜 세월을 건너 넓어지게 되었지.

천왕성이 인간의 눈으로 관찰 가능한 가장 멀리 있는 태양계 행성이라는 특징과 우라늄이 인공적으로 만들어지지 않은 자연계에 존재하는 원소들 중 가장 무거운 원소라는 특징으로부터, 그리고 발견 시기상 아직 선점되지 않은 행성명이라는 것으로부터 원소의 이름이 짝지어질 수 있었어. 이후 1846년 발견된 해왕성(Neptune)과 1930년 발견되어 태양계 마지막 행성으로 지위를 유지하다 퇴출된 명왕성(Pluto) 역시 1940년 발견된 넵투늄(Neptunium; Np)과 플루토늄(Plutonium; Pu)의 명명에 큰 역할을 하게 되었지. 이 과정을 통해 태양계의 모든 행성과 짝을 이루는 원소들이 생겨난 거야.

하지만 태양계에는 이 외에도 다양한 천체가 아직 존재한다는 사실을 알고 있니? 지구와 달의 관계처럼 생각보다 크고 중요하게 여겨지는 몇몇 위성(satellite)의 존재를 말이야.

세레스와 팔라스, 세륨과 팔라듐

1803년 두 개의 원소가 발견되기에 앞서 천문학 사상 아주 흥미로운 발견이 이루어졌어. 이 발견은 태양으로부터 각 행성들까지의 거리를 계산해 본 결과 화성과 목성 사이에 이해할 수 없는 아주 넓은 빈 공간이 존재한다는 사실로부터 행성 혹은 다른 무엇인가가 이 공간에 위치할 거라는 추측에서 시작되었지. 관측 끝에 1801년, 현재는 소행성대라 불리는 이 공간에 태양계 최초의 왜행성(태양의 주위를 돌고, 구형을 유지할 정도의 중력이 있으며, 다른 행성의 위성이 아니지만 궤도 주변 다른 천체를 배제하지는 못하는 종류의 행성)인 세레스(Ceres; 로마 신화의 농업과 곡물의 여신)가 발견되었어. 물론 발견 당시부터 꽤나 오랜 기간 세레스는 태양계의 행성일지도 모른다는 의견이 계속해서 나왔고, 심지어 명왕성의 퇴출을 결정하는 회의에서도 세레스를 태양계 행성으로 인정하는 것이 어떠냐는 이야기까지 있을 정도였으니 태양계에서의 그 존재감은 상당하다고 볼 수 있어.

자, 발견된 첫 번째 원소인 세륨(Cerium; Ce)은 바로 이 세레스로부터 명명되었지. 조금 다른 이야기지만 세레스가 높은 관심을 받는 이유는 많은 양의 얼음이 존재하고 있기 때문에 행성 내부에 물과 함께 소금, 암모니아 등의 물질들이 존재할 가능성이 있기 때문이라고 해. 세레스의 발견 바로 다음 해인 1802년, 소행성대에서 두 번째 천체가 발견되었어. 이번에는 소행성으로 분류되는 팔라스(Pallas; 그리스 신화 아테나 여신의 다른 이름)였어. 비록 소행성이지만 그 크기는 명왕성보다도 클 정도였기에 비교적 빠른 시기에 발견이 가능했지. 1803년 발견된 또 다른 원소인 팔라듐(Palladium; Pd)은 팔라스로부터 이름이 유래했어.

세륨과 팔라듐은 우리 주위에서도 손쉽게 찾아볼 수 있는 원소들이야. 세륨은 '미시메탈'이라 불리는 일종의 부싯돌과 같은 금속을 만들 때 주로 사용해서, 일회용 라이터를 비롯한 불꽃을 만들어 내는 모든 곳에 흔히 사용되고 있어. 팔라듐은 자동차 배기가스에 포함되어 있는 유독한 기체를 무해하게 바꿔 줄 수 있는 촉매 변환기의 제조에 필수적으로 포함되어야만 하는 아주 중요한 원소지.

태양계의 중심, 헬륨

태양계가 유지될 수 있는 것은 가운데에서 행성들이 공전할 수 있도록 잡아 주고 핵융합 반응으로부터 생성되는 빛과 열을 주위로 방출해 지구에서 우리가 살아갈 수 있도록 해 주는 태양이겠지. 초기에는 금이 태양과 대응된다고 생각했지만, 실질적인 태양과 짝을 이루는 원소는 1868년 태양 빛의 관찰로부터 완전히 바뀌고 말았어. 프랑스의 천문학자 피에르 쟝센(Pierre Jules César Janssen, 1824~1907)이 태양의 일식을 관찰하던 중 지구에는 존재하지 않는 어떠한 원소로부터 나오는 것으로 추측되는 선 스펙트럼(특정한 파장의 빛만 선처럼 관찰되는 현상)을 발견했어. 이후 이 원소를 그리스어로 태양을 의미하는 헬리오스(helios)로부터 헬륨(Helium; He)으로 명명했지.

원자번호 2번의 두 번째로 가벼운 원소이면서 s오비탈에 2개의 전자가 들어가 그 자체로도 안정한 비활성 기체인 헬륨은, 쟝센의 관찰에서와 같이 지구에서는 희귀하지만 우주 공간

달(Moon; selene(Greek))
〈구〉은(Silver; Ag)
〈현〉셀레늄(Selenium; Se)

지구(Earth; tellus(Latin))
텔루륨(Tellurium; Te)

금성(Venus)
구리(Copper; Cu)

태양(Sun; helios(Greek))
헬륨(Helium; He)

수성(Mercury)
수은(Mercury; Hg)

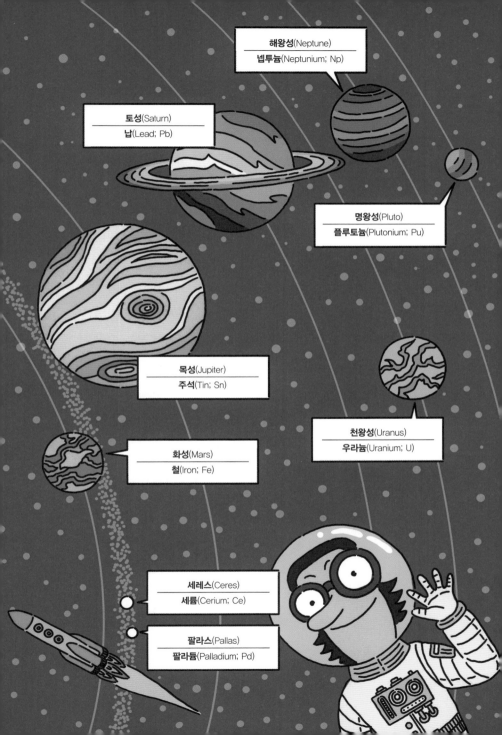

에는 풍부하게 존재하는 원소야. 사실 우리는 놀이동산에 가면 헬륨이 채워진 둥둥 떠다니는 풍선을 손쉽게 구입하기도 하고, 헬륨 기체를 흡입해 목소리가 얇고 가늘게 변하는 '도널드 덕 현상'을 체험하기도 하는 등 헬륨은 그리 어렵지 않게 접할 수 있는 원소야. 하지만 헬륨은 수소 기체(H_2)와 마찬가지로 지구 대기권을 이루는 공기(평균 분자량 약 29)보다 훨씬 가볍기 때문에 자연적으로 지구의 중력을 벗어나 우주 공간으로 빠져나가게 되어 있어. 우리가 사용하는 헬륨은 지각 속에서 무거운 다른 원소들의 붕괴로부터 조금씩 생성되기도 하고, 천연가스와 함께 갇혀 있다가 추출되어 생산되곤 해. 하지만 이런 방법도 한계가 있기 때문에 약 20~30년 내에 지구에서 모두 고갈될 것으로 우려되는 원소야.

헬륨이 없어지면 어떤 큰일이 일어나냐고? 온도를 매우 낮게 만들면 헬륨을 액체 상태로 만들 수 있는데, 액체 헬륨은 우리가 병원에서 진단할 때 사용하는 MRI(자기공명영상)나 여러 첨단 기계를 구동할 때 온도 유지를 위해 필수적으로 사용되는 원소야. 만약 헬륨이 고갈돼 버린다면 단순히 놀이동산에서 손에 들 풍선이 없는 문제가 아니라 첨단 과학 분야에서 아주 큰 문제가 발생할 수밖에 없어. 현재 계속해서 이 문제를 해결하려고 많은 노력을 기울이고 있지만 아직 명확한 해결책이 나오지 않는, 우리가 직면한 원소의 고갈 문제라고 할 수 있어.

지금까지 살펴본 대로 태양부터 지구를 포함한 마지막 행성, 그리고 달과 몇몇 소행성까지 원소의 이름을 정하는 데 유용하게 사용되고 있어. 그동안은 도대체 어느 나라 언어인지 복잡하고 이상하게만 느껴졌던 원소의 이름들이 사실은 이렇게 많은 이야기를 품고 있다는 점이 신기하지? 천체 외에도 여러 원소 이름의 유래에 대해 찾아본다면 더 재미있는 이야기가 기다리고 있을걸!

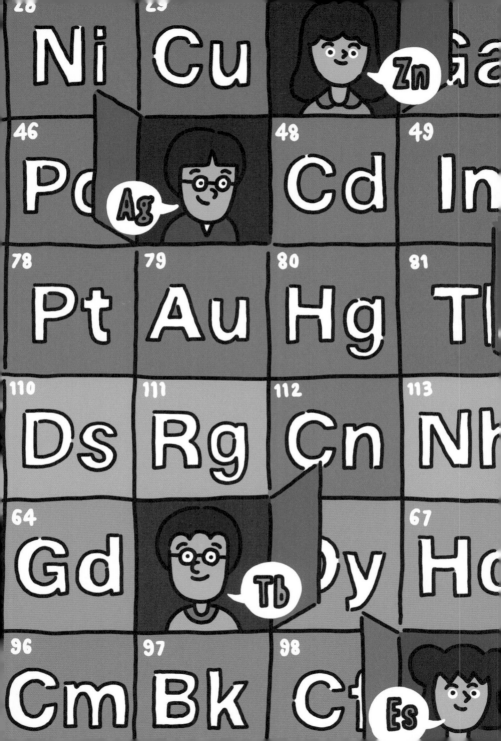

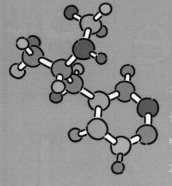

태초의 생명체가 나타나 지금의 모습으로 진화하기까지 원소는 어느 시기에 어떤 역할을 하며 존재했고, 새로운 원소는 또 어떻게 발견되어 이름 지어졌는지 살펴봤어. 그런 과정을 통해 세상에는 자연적으로 생겼든 인공적으로 만들어졌든 모두 합쳐 118개나 되는 원소가 있다는 것을 알게 되었지. 118개! 하나의 표 안에서 반듯하게 줄 서 있다 할지라도 118개의 원소는 각자 확연히 다른 특성을 가진 개성 만점 친구들이야.

그런데 말이야, 개성이 다른 것까지는 괜찮은데 심하면 생명에 위협을 주는 등 위험한 원소가 그 안에 섞여 있다면 그것들을 사용할 때 정말 조심해야겠지? 오랜 시간 118개의 원소를 찾는 과정에서 원소의 특성에 아직 무지하거나 호기심이 조심성을 앞선 수많은 과학자가 병을 앓거나 심하게는 목숨을 잃기도 했어. 어쩌면 우리는 이런 과학자들의 희생 덕분에 지금 멀쩡하게 살아 있는 것일 수도 있어. 하지만 지금이라고 원소의 숨겨진 특성과 원소를 안전하게 활용하는 방법을 아는 것에 완벽하게 도달한 것은 아니야. 지금부터는 인간에게 유익하고 안전한지의 측면에서 원소들을 점검해 볼 거야. 유익하다고 혹은 유해하다고 생각했던 원소들이 정말 그러한지 그 진실에 함께 다가가 볼래.

달콤하다고? 조심해!

물론 언제나 그런 것은 아니지만 달고 맛있는 것이 우리 몸에 문제를 일으키는 경우가 많이 있어. 비만이나 당뇨 같은 질병 문제에 그치는 것이 아니야. 로마 문명에서 포도주에 감미료로 넣어 달게 만들었던, 그래서 결국 많은 건강 문제를 유발했던 납(Pb)이 떠오르지? 이처럼 단맛은 사람들에게 행복감을 주기 때문에 안전성이 아직 검증되지 않은 화학적 단맛은 사고를 유발할 수 있어. 대표적인 하나가 원자번호 4번 베릴륨(Beryllium; Be)이야. 1789년 프랑스의 화학자 보클랭(Louis Nicolas Vauquelin, 1763~1829)이 녹주석(Beryl)이라는 광석으로부터 발견해서 광석의 이름을 따 베릴륨이라고 칭했어. 녹주석은 상당히 낯선 광물 같지만, 자주 들어 본 에메랄드, 아쿠아마린과 같은 보석들이 여기에 해당해.

베릴륨 역시 단맛이 있는 원소라고 알려져 있어. 어떻게 알게 되었을지는 말하지 않아도 상상할 수 있겠지? 연금술의 전통에 따라 직접 먹어 보고 만져 보고 맡아 보았던 거야. 그래서 지금의 설탕처럼 베릴륨을 차에 넣어 단맛을 내는 용도로 섭취하기도 했었다고 해. 문제는 베릴륨이 맹독성 발암물질에 해당한다는 점이야. 어느 정도로 발암성이 강하냐면, 1급 발암물질인 석면이나 탄환을 만들 때 사용하기도 하는 열화우라늄보다 더 높은 독성을 갖는다고 알려져 있어. 결국 섭취나 흡입이 당연히 안전상의 이유로 금지되었지.

그렇다면 베릴륨은 인류가 피해야만 할 위험한 원소로 격리되어 버린 걸까? 천만에. 베릴륨은 음료수 캔 등을 만들 때 사용하는 가벼운 금속 알루미늄(Aluminum; Al)보다 훨씬 가벼우면서도(원자번호가 더 낮을수록 가벼운 원소야! 구성하고 있는 양성자, 중성자가 더 적으니까) 강철보다 강도가 높기 때문에 기계나 금속을 만들 때 최고의 원소라고 할 수 있어. 마침내 과학자들은 방법을 찾아냈어. 구리와 합금을 만들면 형성되는 베릴륨동이라는 금속은 특별한 독성을 보이지도 않고 높은 강도와 함께 다른 금속과 충돌해도 불꽃을 만들지 않는 폭발에 안정한 특성을 보였어. 결과적으로 현재 베릴륨은 다양한 공구류와 첨단 기계, 스피커 제조 등에 널리 사용되는 필수적인 원소가 되었지.

상속의 가루

비소는 요즘에도 종종 뉴스에서 분유나 다른 식품에 함유되어 있다는 사실이 보도되면서 잊을 만하면 큰 이슈를 가져오는 독성 원소 중 하나야. 이러한 독성 원소가 식품에 첨가되는 일이 반복적으로 일어나는 이유는, 현재까지도 비소가 농업과 목축업에 활용되는 경우가 있기 때문이지. 벌레나 세균, 균류 등을 제거해 목재의 보존성을 높이는 데 사용되는 물질에 비소가 포함되기도 하고, 살충제에도 들어 있는 경우가 많아. 심지어 동물 사료에 비소를 첨가하는 경우도 있는데, 닭의 경우에는 비소가 성장 촉진에 도움을 준다고 알려져 있어서 외국에서는 약간의 비소가 포함된 모이를 사용하는 것이 합법으로 인정되기도 해. 결국 생태계에서 포식 단계가 높아질수록 중금속을 비롯한 여러 물질이 농축되듯, 농산물 생산 단계에 사용된 비소가 인간에게 노출될 가능성 역시 항시 존재하는 셈이지.

비소는 자연 상태에 주로 존재하는 황화비소(As_2S_3) 광석의 색상으로부터 '노란색'이라는 의미의 명명 유래를 가지고 있고, 과거부터 노란색 안료로 자주 사용되어 왔어. 순수한 원소로서의 비소는, 1250년경 독일의 성직자 마그누스(Albertus Magnus)에 의해 처음 분리에 성공했다고 알려져 있어. 이러한 공로를 포함해 후에 마그누스는 성자로 추대받기에 이르렀지. 하지만 이렇게 발견된 비소는 산화물로 존재하는 경우(산화비소; As_2O_3) 독성으로 인해 중독사를 유발한다는 문제가 있었는데, 동서양 모두에서 그 사용은 비극적인 결과를 낳았어.

서양에서는 비소 혼합물이 특별한 향이나 맛이 없다는 점을 이용해 중세 시대 권력층이나 종교계에서 정적의 암살이나 유산을 빨리 물려받기 위한 친족 중독 살인의 도구로 사용되었지. 이 때문에 비소의 가장 오래된 별칭은 '상속의 가루'였어.

동양에서도 독극물로 사용되어 왔는데, 대표적인 경우는 우리가 사극에서 흔히 볼 수 있는 사약이야. 인위적으로 산화비소를 집어넣었다기보다는, 비소 성분이 많이 함유된 종류의 식물을 달여 내어 사약을 제조했는데, 이러한 물질을 비상이라 불러. 하지만 비소는 청산가리처럼 즉각적인 반응을 이끌어 내는 독이 아니라 중독사를 유발하는 독이었기 때문에, 드라마에서 보는 것처럼 사약을 먹자마자 피를 토하면서 쓰러져 죽거나 하는 일은 흔치 않았다고 해. 오히려 약재를 달여 내어 만든 것이기 때문에 마시고도 아무런 문제 없이 건강하게 살아가는 일도 많았지.

또한 매체에서 흔히 접하듯, 은(Ag)으로 만들어진 식기를 통해 음식에 독이 들어 있는지를 확인할 수 있다는 말이 있는데, 당시(은 식기가 통용되던 중세 및 근대 시대) 사용되었던 가장 유력한 독성 물질이 산화비소 또는 황화비소여서 이를 감지하기 위한 도구로 쓰인 경우야. 은은 황을 만나면 황화은(Ag_2S)이라는 검은색 물질로 변하기 때문에, 식기의 색 변화로 이를 검사할 수 있었거든. 현재 다양한 종류의 유해성 물질은 반드시 황을 포함하는 것은 전혀 아니기 때문에, 건강을 위해 은 식기를 사용할 이유는 전혀 없다는 점을 상식으로 알아 두면 좋겠어.

하나 더 흥미로운 이야기는, 영화나 게임이나 여러 매체에서 '독'을 상상할 때 주로 '녹색'으로 표현하곤 해. 투명한 액체나 과일주스 같은 액체를 보고 독을 떠올리는 사람은 흔치 않잖아. 이런 공감대가 형성된 배경 역시 비소에 그 기반을 두고 있어. 18세기 프랑스에서 파리스 그린(paris green)이라는 녹색 빛깔의 물질이 발명되었는데, 살충제나 쥐약으로 사용될 만한 독성 물질이었어. 이름에서 상상할 수 있듯 녹색 빛깔을 띠고 있었는데, '에메랄드그린'이라고 칭하는 약간 밝은, 아름다운 녹색이었지. 당시까지 이러한 색상을 만들 수 있는 염료나 물질은 전혀 알려져 있지 않았기에, 색에 매료된 파리 시민들은 이 쥐약을 집 안이나 문 등에 페인트처럼 칠해서 집을 꾸미는 일이 유행처럼 퍼졌었어. 독성이 높다는 점을 알고 있었지만, 쥐도 잡고 집도 꾸밀 수 있으니 일석이조라는, 약간은 당혹스러운 생각에서 나온 행동이었지. 우리가 상상하는 대로 이 일은 많은 사람에게 중독 문제를 일으켰고, 이후로 파리스 그린은 사용이 금지되었어. 이 사건으로 인해 독의 이미지가 녹색으로 자리매김하게 되었다는 속설이 있어.

이 정도로 수백 년 동안이나 지속적인 문제를 일으켜 왔던 원소라면 핵폐기물을 대하듯 멀찌감치 격리해서 접촉하는 일이 없도록 해야만 올바르겠지만, 점차 밝혀진 비소의 장점들은 비소를 사용할 수밖에 없게 만들었지. 앞서 언급한 농업이나 목축업에서의 활용 이외에도 비소는 사람의 생명을 살리는 의료 분야에 사용되고 있어. 독도 잘만 쓰면 약이라는 말이 실감이 나는 것 같지 않니? 다양한 비소 화합물은 항생제로, 앞서 독성이 높다고 말했던 산화비소는 암 치료약으로 사용되고 있어.

산화비소는 엄격한 기준을 가지고 있는 미국 식품의약국(FDA)으로부터 내성이 있는 급성전골수성백혈병의 치료약(항암제 내성 백혈병 치료 대체 약물)으로 사용이 허가(2000년)되었을 정도로 실제 활용이 가능해. 방사성 진단에서도 비소가 사용될 만큼 예상보다 많은 의료 분야에서 비소가 활용되고 있어. 또한 15족 원소인 갈륨(Gallium; Ga)과 화합물을 만들면 반도체를 제조할 수 있고, 이러한 특성을 이용해 태양전지나 발광다이오드(Light Emitting Diode; LED)의 제조에 사용되는 등 첨단 전자 분

원소 쫌 아는 10대

야에서도 빼놓을 수 없는 원소로 자리매김하게 되었지.

쓰레기도 다시 보면 보물이니까

비소에 대해 살펴보았으니 비소 때문에 덩달아 기피 대상이 된 다른 원소 이야기를 들려줄게. 그다지 낯설지 않은 이름의 주인공, 우리 주위에서 아주 쉽게 찾아볼 수 있는 원소인 원자 번호 28번 니켈(Nickel; Ni)이야. 사실 니켈의 존재 자체는 고대 문명 때부터도 알려져 있긴 했지만, 이 물질이 무엇인지 정확히 구분하는 데는 어려움이 있었어. 왜냐하면 니켈은 금속 상태에서 아름다운 은백색 광택이 나기 때문에 육안으로 은과 구분하는 게 상당히 어려운 일이었거든. 본격적으로 니켈의 불필요함(?)이 드러나기 시작한 것은 중세 시대를 기점으로 광산에서 구리 채굴이 본격화된 시점부터야. 특히 독일 지역에서 구리 광석을 채굴하는 과정에서 구분하기 힘들 정도로 구리 광석과 유사하게 생긴 무언가가 출토되는 일이 잦았어. 이 광석을 가지고 야금 작업을 하였는데 나오라는 구리 대신 독성 증기가 뿜어져 나오는 일이 반복되면서 많은 문제를 일으켰다고 해. 결국 구리 광석과 비슷한 이 정체불명의 광석을, 독일 설화 속 오래된 산요괴 닉이 저주를 걸어서 만들어진 구리라는 뜻으로 쿠페르니켈(Kupfernickel; 닉의Nickel 구리Kupfer라는 의미)이라 부르게 되었어. 이후 산화–환원 반응을 이용해 물질을 분석해 보니 이 광석으로부터 구리가 아닌 백색의 새로운 물질이 형성되는 것을 관찰할 수 있었고, 불리던 이름(쿠페르니켈)에서 구리라는 의미를 제외한 니켈이라고 부르게 되었지. 이 광석의 정체 역시 밝혀졌는데, 비화니켈(니켈과 비소의 화합물)로 이루어진 광석이었지. 야금 과정에서 광석에 함유된 비소들이 기화되어 독성 문제를 일으켰던 거였어.

니켈의 온전한 추출이 가능케 된 이후부터 이 새로운 금속 원소에 대한 관심은 폭발적으로 늘어 갔어. 첫째로, 니켈은 철(Fe)과 코발트(Co)와 함께 전이금속 중 자기적인 특성이 있어서 자석에 붙거나 자기장의 영향을 받을 수 있고, 다른 여러 금속 원소와 손쉽게 합금을 만들어 기능을 향상시키는 특징이 있어. 니켈은 철과 크로뮴(Chromium; Cr)과 합금해서 녹슬지 않는 철 '스테인리스 강'을 만들어 주방 식기부터 가재도구까지 우리 생활 전반에서 사용되고 있고, 동전의 제조에도 첨가돼. 구리와 아연으로만 만들어진 우리나라 10원 주화를 제외하고 12퍼센트의 니켈이 포함된 50원 주화, 25퍼센트 니켈이 함유된 100원과 500원 주화는 그 크기와 금속의 함유량에 따라 자기적인 성질 역시 달라져 자판기와 같은 기계가 동전을 구분하고 인식할 수 있게 되는 거야.

티타늄(Titanium; Ti)과 합금을 이룬 니티놀 합금은 우리가 흔히 형상기억합금이라 부르는 종류의 것으로, 일정한 온도에 노출되면 원래의 모양으로 돌아가는 흥미로운 성질을 가지고 있지. 크로뮴과의 합금인 니크롬은 전류가 흐를 때 높은 저항으로 인해 빛과 열을 방출하는 특성을 가지고 있어서, 선 형태로 뽑아낸 니크롬선은 전기 전열기의 발열체로 널리 사용되고 있어. 니켈이 주성분을 이루는 하스텔로이 합금은 고농도의 불산에서도 산화되지 않고 버틸 수 있을 정도야. 니켈과 니켈 화합물은 인체에 독성을 보인다고 알려져 있어 생물학적인 분야에서는 그다지 많이 사용되지 않지만, 산업과 재료 분야에서는 각광받고 있는 금속 원소라 할 수 있지.

추리소설의 단골 아이템

탈륨은 1861년 영국의 화학자 크룩스(William Crookes, 1832~1919)가 처음 발견했어. 탈륨은 밝은 녹색의 선 스펙트럼을 나타내는데, 이 특징으로부터 '녹색 가지'를 의미하는 라틴어 탈루스(thallus)에서 탈륨(Thallium; Tl)으로 명명했어. 하지만 그 싱그럽고 귀여운 어원과는 다르게 탈륨은 매우 흉악한 독성을 갖는 원소야. 비소에 대한 정보와 경각심은 이미 사람들에게 익히 알려졌기 때문에, 의도적이었는지 자연스러웠는지는 몰라도 탈륨이 그 뒤를 잇는 차세대 독극물로 사용된 경력이 많이 있어. 결과적으로 탈륨에 대해 가장 유명해진 항목은 탈륨 중독(Thallium poisoning)인데, 탈륨의 무서운 점은 먹거나 흡입하지 않고 단지 탈륨이 묻어 있는 물건을 손으로 건드리기만 해도 피부를 통해 몸속으로 유입된다는 점이야.

더욱이 탈륨은 여타 독성 원소들과 마찬가지로 초기 쥐약이나 살충제로 흔히 사용되어 왔기 때문에 취득하기도 간단했고, 단지 0.8그램만 유입되어도 탈모, 마비, 혼수상태를 수반하며 수 주 내에 목숨을 빼앗아 가기 때문에 위험성이 더욱 높은 원소였어. 탈륨은 취득해서 사용하기가 비교적 용이했기 때문에, 과거 이라크의 독재자 사담 후세인부터 우리 주위의 일반인들까지 탈륨을 나쁜 의도로 사용한 적이 있었을 정도로 사회적 문제를 야기했어. 재미있는 점은 일반 사람들이 잘 모르고 있을 탈륨 중독 증상에 대해 보급하고 이 문제를 해결하게 도움을 주었던 사람이 추리 소설가 애거사 크리스티(Agatha Christie)였다는 거야. 크리스티는 《창백한 말(The Pale Horse)》이라는 소설에

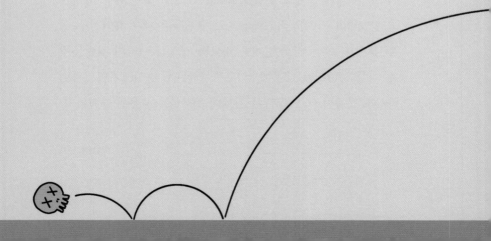

서 탈륨 중독을 핵심적인 장치로 활용하면서 중독 증상을 매우 상세하고 현실성 있게 표현했는데, 이후 독자들은 소설에서 묘사된 것과 유사한 증상을 보이는 사람을 병원으로 인도해 살아날 수 있게끔 도와주었다고 해. 탈륨은 납이나 수은 같은 중금속의 중독과는 다르게, 우리 몸속에 들어오면 신경 전달에 관여하는 포타슘(K)을 대신해 몸에 자리 잡는데, 늦지 않게 병원에 간다면 약을 통해 간단히 모두 배출해 완치가 가능한 독성 원소야. 결국 펜은 칼보다 강하다는 말처럼, 사람들에게 올바른 정보를 전달한 한 권의 책이 사회적 문제를 해결하는 데 가장 큰 기여를 했다고도 볼 수 있지. 이후로도 탈륨은 여러 추리소설이나 만화영화 등에서 무색무취의, 접촉만으로도 중독이

되는 독으로 많이 언급되곤 했어.

탈륨은 접촉만으로도 사람의 생명을 위협하기에 살충제 등으로 사용하기에도 높은 위험부담이 있어서, 결과적으로 현재는 사용이 금지된 원소야. 하지만 비소와 마찬가지로 유용한 적용 분야가 발굴되어 산업과 의료 분야에서 사용되고 있지. 가장 대표적인 탈륨의 활용 분야는 광학 장비 분야인데, 어두운 밤에 상대방을 보기 위해 사용하는 적외선 투시경이나 고밀도 유리들, 그리고 전자 부품이나 고온 초전도체와 같은 첨단 분야에 널리 사용되고 있어. 극미량의 탈륨을 체내에 주입해서 방사성 진단을 통해 심장 질환을 추적하는 의료 분야에서의 활용 역시 이루어지고 있지.

카드뮴은 인체에 유해하다는 사실도, 그리고 우리 주위에서 여전히 사용되고 있다는 사실도 널리 알려져 있는 중금속 원소야. 카드뮴은 그 발견부터 문제가 많았는데, 1817년 독일의 화학자 슈트로마이어(Friedrich Stromeyer, 1776~1835)가 당시 약으로 사용되던 탄산아연에 불순물이 존재하는 사실을 발견하고 이로부터 카드뮴을 처음 찾아내게 되었어. 원소의 정체가 밝혀진 후, 카드뮴이 포함된 광석 칼라민의 그리스 이름인 카드미아(cadmia)를 따 카드뮴(Cadmium; Cd)으로 명명되었지. 카드뮴은 12족에 속하는 원소로 위에는 아연(Zn), 아래에는 수은(Hg)이 자리 잡고 있어. 이 중 아연은 인간의 몸에 반드시 필요한 필수 금속 원소로, 다양한 체내 반응과 칼슘 흡수 작용 등에 기여하고 있어. 알다시피 같은 족 원소끼리는 어느 정도 비슷한 성질이 있기 때문에, 우리 몸속에 카드뮴이나 수은과 같은 중금속이 흡수되면, 아연이 자리 잡고 작용해야 할 중요한 자리 대신 들어가 생체 반응이 일어나지 못하게 막아 버려. 결과적으로 우리 몸의 균형이 깨지면서 장기적인 중금속 중독 현상과 함께 문제가 발생하게 되는 거지.

역사적으로도 유명한, 카드뮴 유출로 인한 집단 발병 사태는 일본 도야마현의 진츠가와 유역 농가에서 발생했어. 점차적인 고통의 증가 끝에 마지막에는 '아프다'라는 의미의 '이타이(イタイ)'를 계속 외칠 수밖에 없었기 때문에 이 증상을 보고 이타이이타이병(イタイイタイ病)이라 칭하게 되었지. 원인은 인근 광산에서 정화 없이 그대로 흘려보낸 폐수에 있었어. 알고 보니 폐수 속에 카드뮴이 다량 존재했는데, 이것이 상수와 농지를 오염시켰고 결국 인근 주민의 체내에 쌓여 중독 증상을 일으켰던 거야.

카드뮴은 이제껏 우리가 살펴본 비소나 탈륨 등의 원소와는 다르게, 인체에 그 어떠한 긍정적인 효과도 주지 않는 완전한 독성 원소야. 현재까지는 생산되는 대부분의 카드뮴이 재충전 가능한 니켈(Ni)-카드뮴(Cd) 건전지를 만드는 데 사용되고 있어. 우리가 일반적으로 사용하는 알칼라인 건전지보다 내구성과 수명이 더 길어서 터널 속 안전등이나 디젤 기관 시동 장치 등으로 쓰여. 하지만 이 역시 카드뮴에 대한 유독성으로 인해 점차적으로 감소하는 추세지. 최근에는 양자점(Quantum dot)이라 불리는 아주 작은 나노입자를 활용한 다양하고 선명한 색상의 형광을 내는 연구 분야가 각광 받고 있는데, TV와 같은 영상 장치의 해상도와 선명도를 개선할 수 있는 차세대 디스플레이 기술이나 태양광 발전 등에 높은 활용 가치가 기대되지. 이러한 양자점을 만드는 데 유용하게 사용되는 원소가 카드뮴이야. 하지만 유해성에 대한 우려가 여전히 남아 있기 때문에, 모든 연구와 산업 분야에서는 언젠가는 카드뮴을 모두 다른 안전하고 효율적인 새로운 원소로 교체하려는 장기적인 계획을 세우고 있어. 편리함과 위험성이라는 양날의 검이 아닐 수 없지.

가장 값비싼 죽음

모든 경우를 대표할 순 없지만 위대한 업적을 남긴 근현대 과학자를 찾는 가장 공신력 있는 방법은 역시 노벨상 수상자를 조사하는 것이겠지. 우리나라도 노벨 평화상 수상자가 한 분 계시지만, 노벨상 수상의 대부분을 차지하는 과학 분야에서는 단 한 명의 수상자도 없다는 아쉬움이 있지. 물론 지금도 많은 과학자가 열심히 연구하고 있고, 미래의 과학자를 꿈꾸는 너희 중 누군가가 그 주인공이 될 거라고 믿고 있지만 말이야.

이렇게 수상하기 힘든 노벨상을 두 번이나 받은 사람이 있다는 사실을 알고 있니? 그것도 무려 네 명이나 말이야. 노벨 화학상과 평화상을 수상했던 라이너스 폴링(Linus Carl Pauling), 물리학상을 두 번 수상한 존 바딘(John Bardeen), 화학상을 두 번 수상한 프레더릭 생어(Frederick Sanger), 그리고 폴로늄의 주인공이자 물리학상과 화학상을 수상했던 마리 퀴리(Marie Curie, 1867~1934)가 있어. 84번 원소 폴로늄(Polonium; Po)은 마리 퀴리와 피에르 퀴리 부부가 1898년 무려 1톤에 달하는 역청우라늄석이라는 광석으로부터 단 0.1그램의 원소를 추출해 내며 세상에 알려지게 되었어. 이후 마리 퀴리는 당시 러시아의 압제하에 있던 조국 폴란드(Poland)를 기리며 폴로늄이라 명명했지. 얼마 후 강한 방사선을 내뿜는 또 다른 원소인 라듐(Radium; Ra)을 동일한 방법으로 발견하였고, 이러한 업적으로부터 1903년 우라늄 방사선을 발견했던 베크렐과 함께 노벨 물리학상을 수상하게 돼. 하지만 마리 퀴리는 방사선을 내뿜는 원소들을 발견하는 데 너무 많은 시간을 투자한 끝에 급성 백혈병으로 사망하게 되는데, 비극적인 사태를 일으킨 원소 중 하나가 바로 폴로늄이었어.

폴로늄은 모든 원소를 통틀어서 가장 독성이 높은 원소 중 하나야. 우리가 흔히 맹독으로 기준 삼는 청산가리(시안화포타슘인 KCN을 의미하는데, 시안을 의미하는 청산과 포타슘의 일본식 음인 카리우무가 합쳐져 청산가리로 불리고 있어. 우리나라 표준말로는 시안화포타슘이 되겠지!)보다 독성이 무려 25만 배나 강하다고 알려져 있거든. 폴로늄이 우리 몸속에 들어가면 방사성 붕괴를 하면서 주위로 알파 입자(양성자 2개와 중성자 2개로 이루어진 입자야. 전자가 하나도 없는 헬륨 양이온(He^{2+})과 똑같다는 걸 기억하지?)를 방출하게 돼. 마치 우리 몸속에서 아주 작은 원자들로 만들어진 폭탄이 터지는 것처럼 몸속부터 파괴해 나가는 거야. 이 무서운 일이 실제로 일어났던 적이 있었기 때문에 폴로늄이 유명해졌는데, 러시아의 첩보원이었지만 영국으로 망명했던 알렉산더 리트비넨코(Alexander Litvinenko)가 독살되었을 때 체내에서 다량의 폴로늄이 발견되었던 사건이 2006년 발생했어. 폴로늄은 방사성 원소이기 때문에 취급이 어렵고, 자연계에 매우 적은 양이 존재하기 때문에 개인이 이를 추출하거나 우연히 일어난 일이라 여기기 어려웠지. 이후에도 폴로늄은 현존하는 독약 중 가장 위력적이고 구하기 힘든 물질로 여겨지고 있어.

이렇게 위험한 폴로늄도 현재는 유용하게 사용하고 있어. 물론 방사선을 사방으로 내뿜기 때문에 일상에서 사용하는 건 불가능하지만, 주위에 인간이 없고 방사선이 쏟아져도 아무 상관없는 곳, 바로 우주 공간에서는 문제없이 사용할 수 있는 훌륭한 원소야. 이제껏 강조한 폴로늄의 알파 붕괴 과정에서는 매우 많은 양의 열이 발생하기 때문에, 이러한 에너지를 활용하는 방식으로 연구가 진행되었어. 흔히 원자력 전지(nuclear

battery)라고 일컫는 장치인데, 소량의 방사성 원소를 이용해 장시간 에너지를 공급하는 시스템이야. 원자력 발전의 부산물로 생성되는 방사성 플루토늄이나 스트론튬, 또는 지금 소개하는 폴로늄을 사용해서 만들 수 있어. 실제로는 달 탐사선 루노호트(Lunokhod) 1호(1970년)와 2호(1973년)의 야간 활동 에너지 공급원과 인공위성 코스모스(Kosmos) 84호와 90호(1965년)에 사용된 기록이 남아 있지.

플루오린 순교자

불소(弗素)로도 언급되는 플루오린(Fluorine; F)은 우리가 이제껏 살펴본 원소들의 발견과 명명에 기여한 화학자들에게는 악몽과도 같은 원소라 할 수 있어. 플루오린의 가장 대표적이고 전통적인 활용 분야는 산인 플루오린화 수소산(표준어지만, 관용적으로 우리나라에서는 불산이라는 용어를 더 보편적으로 사용하곤 해)의 형태로 활용해 판유리의 표면 일부를 깎아 그림을 그리거나 문양을 새기는, 1700년대부터 꾸준히 사랑받아 온 '에칭'이라는 기법이었어. 우리가 산성 혹은 염기성 용액이 포함된 화학 반응을 유리로 만들어진 실험 기구 속에서 수행하거나, 염산(HCl)이나 황산(H_2SO_4)과 같은 강산을 유리병에 보관하는 것을 생각해 본다면 유리를 녹인다는 특징은 산 중에 굉장히 독특한 능력이라 할 수 있어.

　단순히 유리만이 아니라 이산화규소(SiO_2)로 이루어진 유리와 유사한 구조를 갖는 다른 물질들 또한 녹일 수 있는데, 그 대표적인 예가 현대 전자기기의 핵심인 반도체를 구성하는 규소(Si)야. 보다 정밀한 반도체를 만들수록 그 성능이 증가하기 때문에, 고순도 불산의 확보와 활용은 중요한 부분이었지. 하지만 다른 관점에서 생각해 본다면 불산의 이러한 특성은 인체에 극도로 유해한 결과를 가져올 수 있어. 강산이 피부에 닿게 되면 화상을 입히며 피부 외부부터 손상을 일으키지만, 의외로 약산에 해당하는 불산은 피부를 비롯한 유기질에는 피해를 입히지 않아. 반면 체내에 흡수되어 혈액을 타고 이동하여 석회질로 이루어진 뼈를 몸속에서부터 녹이는 끔찍한 문제를 일으키지. 종종 뉴스에서 불산 유출 사고를 우려를 담아 보도하는 것은 바로 이런 유해성 때문이야.

　플루오린화 수소산(HF)의 핵심 원소인 플루오린 역시 그 유독성으로 이름 높은 원소야. 이는 플루오린이 속한 17족 원소들의 공통적인 특성이기도 한데, 너무나도 높은 반응성(다른 원소나 물질과 화학 반응을 일으키려는 성질)으로 인해 우리 몸을 구성하는 유기물이나 다른 물질들을 산화 혹은 부식시키는 성질이 강해. 플루오린의 반응성은 흔히 그 무엇과도 화학 반응을 일으키지 않고 독립적으로 존재해 비활성 기체라 일컬어지는 18

족 원소들과도 화합물을 형성할 정도야(단, 네온(Ne)은 그 무엇과도 반응하지 않는 진정한 의미의 비활성 기체야!). 인체는 매우 정밀하게 짜여 있는 구성이기 때문에, 플루오린이 어느 한 화학 구조를 변질시킨다면 인체에 미치는 영향은 치명적일 수밖에 없을 거야. 이러한 이유로 과거 플루오린을 최초로 분리해 확인하려는 시도는 수많은 인명 피해를 낳았어.

이러한 선구자들을 플루오린 순교자(Fluorine martyrs)라고 칭하는데, 우리가 이미 이름을 몇 번 들어 보기도 한 유명한 화학자들 역시 포함되어 있지. 전기화학적 방법을 고안해 여러 원소를 분리해 냈던 험프리 데이비 경, 전자기 연구에 매진해 전류의 단위 암페어로도 기억되는 앙페르(André Marie Ampère), 산소·염소·텅스텐(Tungsten; W)·망가니즈·몰리브데넘 등의 발견에 기여한 셸레(Carl Wilhelm Scheele), 강력한 산화제를 발견한 프레미(Edmond Frémy), 붕소와 과산화수소(H_2O_2)의 발견에 기여한 테나르(Louis Jacques Thénard), 그리고 기체에 관련된 법칙을 발견한 게이뤼삭(Joseph Louis Gay-Lussac) 등이 불소의 발견 과정에서 발생한 플루오린화 수소산이나 불소기체 등으로부터 치명적인 부상을 당해 수년간 몸조리를 해야만 했어. 이 끝없는 반복을 프랑스의 화학자 앙리 무아상이 플루오린 원소를 분리해 내는 안전한 방법을 발견하며 끊게 되지. 앙리 무아상은 이 발견으로 1906년 노벨 화학상을 수상하게 되는데, 당시 노벨상

수상의 최종 경쟁자가 바로 주기율표의 아버지 멘델레예프였어. 이후 무아상 역시 독성 물질에 대한 오랜 노출로 인해 노벨상 수상 이후 단 두 달 만에 유명을 달리하게 되었어.

발견 과정에서 이처럼 많은 희생이 뒤따랐던 원소가 없었기 때문에, 원소의 발견과 분리 이후에도 플루오린은 극도로 위험한 원소로 여겨졌지만, 기본적인 유리 가공부터 반도체 공정까지의 활용을 제외하고도 그 유용한 활용은 위험성만큼이나 광범위하다고 할 수 있어. 우리 주위에서 가장 손쉽게 살펴볼 수 있는 것은 치약인데, '불소 함유'라고 표시된 치약을 쉽게 찾아볼 수 있어. 충치는 우리가 생각하는 것처럼 세균들이 치아 겉에서부터 공격해 들어가는 것이 아니라, 치아에 존재하는 작은 구멍을 통해 산성 물질 등이 내부로 들어가면서 손상이 커지는 방식이야. 치약에 포함된 불소는 치아 구성 물질과 결합해 이러한 균열을 방지하며 치아의 내구성을 높여 주는 효과가 있기 때문에 필수적으로 포함되는 경우가 많아. 플루오린이 포함된 고분자 물질로 이루어진 테플론(Teflon)이라는 물질은 황산을 비롯한 여러 극단적 조건에서도 녹지 않고 안정하기 때문에 실험용품, 혹은 주방기구의 코팅제로 사용되고 있어. 테플론을 섬유 형태로 길게 뽑아 만든 옷감이 바로 고어텍스로, 등산복이나 운동복에 사용되는 고급 재질이라 할 수 있지. 또한 수많은 질병 치료제에는 플루오린이 포함되어 있는 경우가 많은데,

신약 개발과 의료 분야에 있어서도 플루오린은 그 가능성과 기대 효과가 높기 때문에 각광 받는 원소라 할 수 있지. 과거 여러 플루오린 순교자들의 도전과 희생으로부터 성공적인 분리가 가능했고, 지금 우리는 이를 유용하게 활용하며 윤택한 생활을 영위하고 있다고 해도 과언이 아니야.

보다 효율적인 죽음을 위해

원소나 물질의 독성에 대해서는 우연히 실험 도중 알게 되거나 전혀 모르고 지내다 뒤늦게 문제를 파악하고 주의하게 되는 경우가 대부분일 거야. 하지만 지금 살펴볼 염소(Cl)의 가장 큰 그리고 최초의 활용 분야는 이와는 반대로, 더욱 효율적인 죽음을 이끌어 내기 위한 부도덕적이고 비윤리적인 행위라는 사실을 알고 있니?

이 이야기에는 프리츠 하버(Fritz Haber)라는 독일 화학자가 깊게 관여하고 있어. 창립자인 알프레드 노벨(Alfred Bernhard Nobel)의 유지인 인류 복지에 공헌한 사람에게 수상되는 노벨 화학상. 그는 1918년 노벨 화학상을 수상했음에도 그의 연구 목적은 인종차별과 대량학살에 있었던 아이러니한 인물이었어. 하버의 가장 큰 업적은 질소(N_2) 기체와 수소(H_2) 기체 간의 직접적인 반응을 통해, 질소와 수소로 이루어진 암모니아(NH_3)

의 효율적인 대량 합성인 하버-보슈 법을 개발해 냈다는 데 있어. 향후 이 연구 결과는 식물 생장에 필수적인 비료를 대량 생산하는 시초가 되어 대규모 농장을 활성화하고 수확량을 늘리면서 농업혁명을 일으키지만, 현실적인 최초의 활용은 1차 세계대전 중 대량학살에 있어. 염소(Chlorine; Cl) 역시 과거 화학자들이 발견한 이후 플루오린과 마찬가지로 그 독성이 문제가 되었는데, 하버는 염소 기체를 이용한 화학무기의 개발에도 참여했고, 이 화학무기는 1915년 4월 22일 벨기에 서부 도시 이프레(Ypres)에서 실제로 사용되기에 이르렀어. 이처럼 초기에는 오로지 독성에 관심을 두고 비인륜적인 방향으로 보다 효율적인 죽음을 이끌어 내기 위해 활용되었지만, 이후 염소의 다양한 능력이 발견되며 현재는 우리 삶 속에 깊숙이 들어와 있지.

가장 대표적인 염소의 능력은 살균·소독과 표백이야. 우리가 사용하는 수돗물은 폐수처리장에서 정수 과정을 거친 뒤, 염소 기체를 통해 소독 및 살균 처리를 하게 되어 있어. 물에 존재하는 다양한 세균을 거의 완벽하게 제거할 수 있기 때문에 세계 각국에서 보편적으로 사용되는 것이 염소지. 간혹 인체에 미치는 염소의 유해성을 우려해 소독에 염소를 사용하는 것에 거부감을 갖는 경우도 있지만, 염소 소독이 없다면 콜레라를 비롯한 다양한 수인성 전염병에 의해 엄청난 재앙이 발생할 수도 있기 때문에 염소 소독은 현대 사회를 안전하게 유지하는 필수 요소야. 또한 세탁 과정에서 사용하는 표백제에도 염소 화합물이 흔히 포함되는데, 염소의 표백 능력이 연구되기 전에는 세탁에 엄청난 시간과 물리적인 노동이 필요했어. 이후 표백제의 개발과 함께 가사 활동에 요구되는 시간이 혁신적으로 감소한 만큼 우리 삶을 윤택하게 만든 공신이 염소야. 이 외에도 PVC(폴리바이닐클로라이드라는 플라스틱의 약어)라는 물질을 만들어 파이프, 필름 등 수많은 곳에서 사용되고 있고. 염화소듐, 즉 소금의 형태로 섭취되어 인체 내에서도 피를 비롯한 체액의 농도를 유지하는 데 기여하며, 소화액 중 하나인 위산의 주성분이기도 하기에 인류에게 필수 불가결한 원소라 할 수 있어.

이제껏 살펴본 원소들 외에도 독성이 있거나 문제가 있다고 여겨져 기피되었지만, 숨겨져 있던 가치가 밝혀지며 많은 관심을 받게 된 원소들은 여전히 존재해. 앞서 연금술의 계기 중 하나가 되었지만 높은 독성으로 많은 문제를 일으켰던 수은 역시 다른 금속과 합쳐지며 '아말감'이라는 물질을 만들어 저렴한 치과 치료용 물질로 사용돼 치료의 보급화와 대중화에 기여했지. 사회와 환경이 요구하는 기술들은 시시각각 변하고 또 새로 탄생하기 때문에 이러한 원소들이 어떤 식으로 우리 삶에 기여할 것인가는 간단히 단정 지을 수 있는 문제가 아니야.
그렇다면 이제껏 좋은 원소라고 생각되어 우리 주위에서 사

용되던 원소들이 반대로 뒤늦게 문제나 오류가 확인되어 멀어
지게 되거나 부분적으로 활용이 금지되는 경우들 또한 충분히
존재할 수 있겠지? 번쩍번쩍하게 금속 표면을 도금할 때 사용
하는 크로뮴(Chromium; Cr)이나, 인체를 구성하는 필수 원소이
자 유전물질인 DNA의 구조 유지 성분인 인(P)과 같은 원소들
역시 그 활용 방법에 따라 유독성을 보이거나 위험한 무기로도
사용되는 등 그 사례는 무궁무진해. 이처럼 다양한 원소의 제
대로 된 사용을 위해서는 원소에 대해 잘 아는 게 중요할 거야.
아는 것이 힘이다. 이렇게 잘 들어맞는 경우도 흔치 않아.

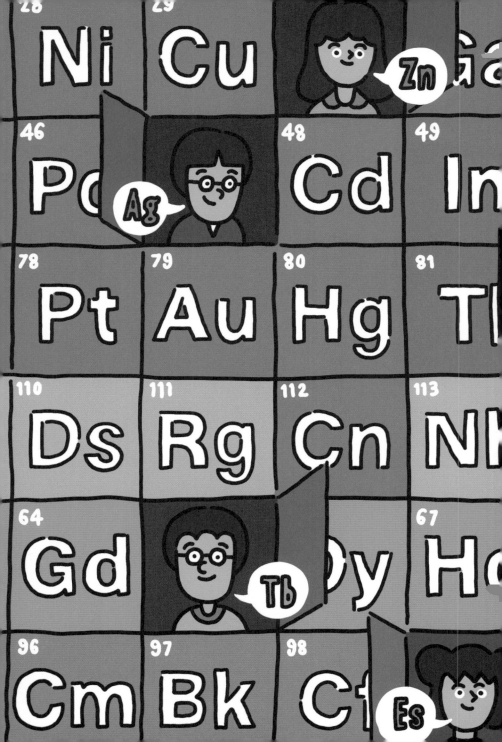

7장 새로운 원소를 찾아서

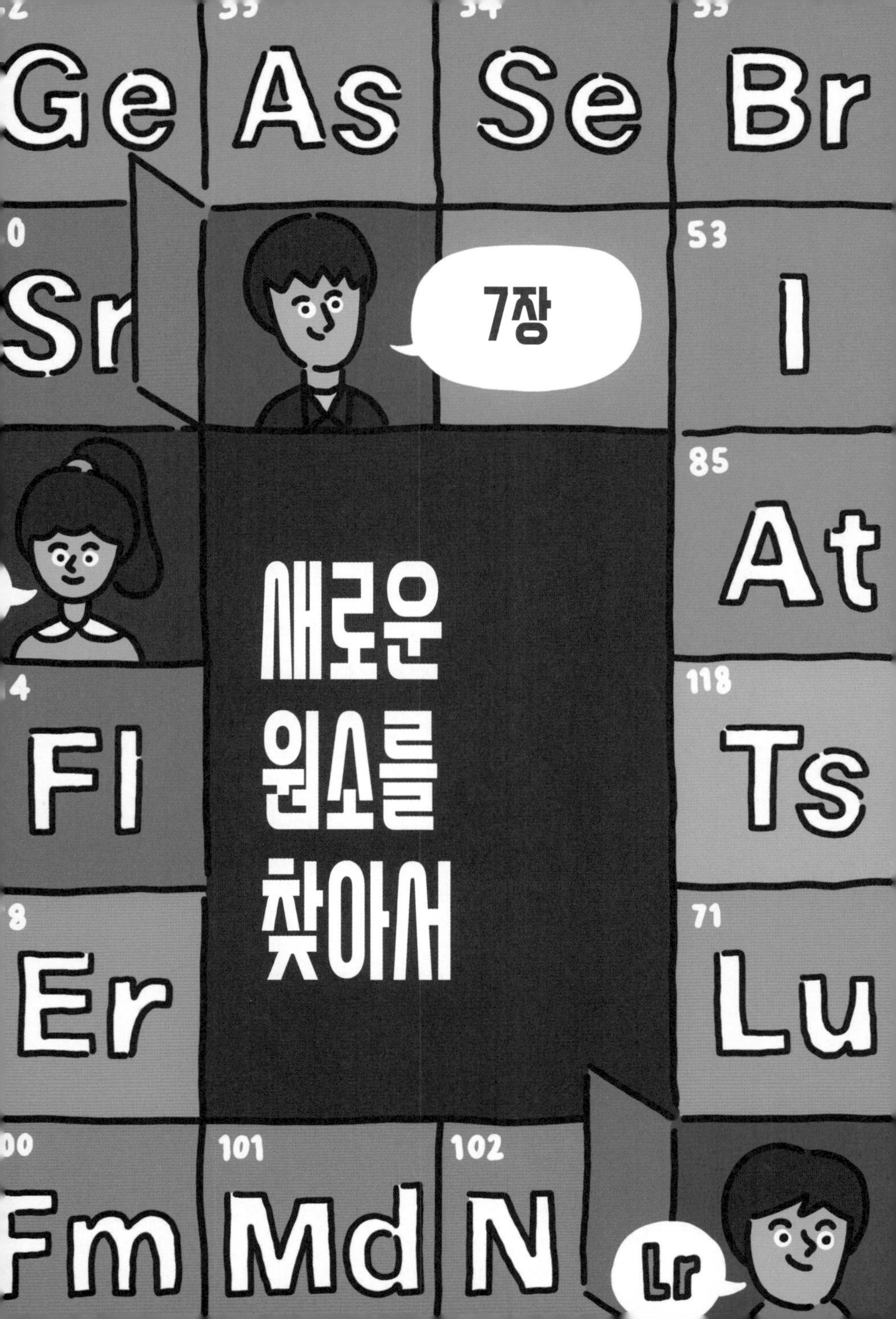

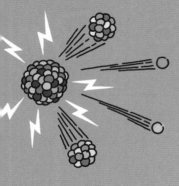

인류의 역사와 함께해 온 원소지만, 수천
년 전부터 존재가 확인되어 활용된 몇몇 원
소들을 제외하곤 모두 발견자와 발견 시기,
그리고 이들로부터 유래한 이름까지 각각의
사항들이 매우 중요하다는 사실을 알게 되었
어. 누군가는 이로부터 귀족 작위를 받는 명예를 누리기도 했
고, 또 다른 누군가는 자신의 국가, 이름, 또는 존경하는 다른
학자의 이름을 영원히 기릴 수 있는 기회를 얻기도 했잖아. 이
때문에 19세기부터 원소를 찾아 분리하고 확인하여 세상에 공
표할 수 있는 기회를 얻기 위해 수많은 화학자가 엄청난 노력을
기울여 왔지. 산업혁명 시기에 전기화학적 실험 기법을 이용해
주변 물질에서 원소를 추출하는 데 성공하면서 새로운 원소를
추출하고 만들어 내는 일이 이어져 왔어. 이때로 돌아가 새로
운 원소를 찾는 여정을 지켜보며 원소와 화학의 미래를 상상해
보자!

쏟아진다 – 란타넘족 원소들

일반적인 주기율표를 살펴보면 원자번호 57번부터 71번까지 따로 표기되어 있는 걸 볼 수 있어. 이 15개의 원소를 란타넘족(Lanthanoids)이라고 일컫는데, 가장 처음 언급되는 원소인 란타넘(Lanthanum; La)을 필두로 같은 족에 속하기 때문에 이와 같은 별칭을 갖고 있어. 무엇보다 흥미로운 점은 이 원소들이 한 곳에서 발견된 광석에 옹기종기 모여 있었던 것을 화학자들이 분리하고 또 분리해 내면서 모두 찾아냈다는 사실이야. 발견의 시작은 정말 평범해. 때는 바야흐로 1787년, 스웨덴의 수도 스톡홀름 인근에 있는 광산업으로 유명한 마을 위테르비(Ytterby)에서 군 장교 칼 악셀 아레니우스(Carl Axel Arrhenius; 화학자 아레니우스와는 다른 사람이야)가 산책을 하다 정체불명의 검은색 광석을 발견해. 평소 화학에 관심이 있던 아레니우스는 비정상적으로 무거운 검은색 광석에 흥미를 느꼈고 분석을 의뢰했어. 1789년 요한 가돌린(Johan Gadolin)이 이 검은색 광석의 38퍼센트가 아직까지 밝혀진 바 없는 새로운 원소로 이루어져 있다는 사실과 함께, 이트륨(Yttrium; Y) 산화물을 발견하게 되지. 이후 순수한 원소로서의 이트륨이 분리되며, 그 시작을 알린 검은색 광석을 가돌린의 이름을 딴 가돌리나이트(Gadolinite)로 칭하며 란타넘족 연구의 문이 열리게 되었어.

1840년부터 본격적으로 시작된 가돌리나이트 구성 원소 분석은, 총 7종의 새로운 란타넘족 원소가 포함되었음이 밝혀지며 성과를 보이기 시작했어. 1843년 모산데르(Carl Gustaf Mosander)가 두 종류의 란타넘족 원소를 발견한 후, 광석의 최초 발견지인 위테르비 마을의 이름을 따 어븀(Erbium; Er, ytterby로부터 유래)과 터븀(Terbium; Tb, ytterby로부터 유래)으로 명명되었어. 이후부터 여러 화학자의 노력을 통해 이터븀(Ytterbium; Yb), 홀뮴(Holmium; Ho), 툴륨(Thulium; Tm), 디스프로슘(Dysprosium; Dy), 그리고 루테튬(Lutetium; Lu)이 약 40여 년의 시간 동안 가돌리나이트로부터 순차적으로 발견되었지. 이름도 생소한 이 원소들은 방사능이나 독성과 같은 문제가 특별히 존재하지 않으며, 각기 독특한 광학적 성질(색을 비롯한 빛과 관련된 특성들을 말해)을 갖기 때문에 우리 주위에서도 유용하게 사용되고 있어. 예를 들면 광섬유, 색유리, 광자기 디스크를 비롯한 수많은 첨단 기기 분야에서 말이야.

이 외의 8가지 종류의 란타넘족 원소들 중 대부분은 가돌리나이트가 아닌 새로운 광석에서 발견되었는데, 바로 세라이트(Cerite)라는 규산염(규소와 산소가 주성분을 이루는 광석)으로부터였어. 가돌리나이트의 7가지 란타넘족 원소 발견보다 무려 40년가량 앞선 1803년, 스웨덴의 화학자 베르셀리우스와 히싱거(Wilhelm Hisinger), 독일의 화학자 클라프로트는 세륨(Cerium;

Ce)을 분리해 내는 데 성공해. 세륨은 흔히 미시메탈(misch metal)이라는 란타넘족 원소들로 이루어진 합금을 만드는 데 주재료로 사용되고 있어. 라이터의 부싯돌이나 파이어스틸 등과 같이 마찰을 통해 불꽃을 만들어 내 불을 피울 때 사용하는 종류의 금속이라 우리 주위에서도 흔히 찾아볼 수 있지. 이후 세라이트에서 추가적인 란타넘족 원소들이 발견되었는데, 란타넘족이라는 이름의 기원이 된 란타넘(Lanthanum; La), 가장 강력한 자석의 재료인 네오디뮴(Neodymium; Nd), 프라세오디뮴(Praseodymium; Pr), 사마륨(Samarium; Sm), 그리고 유로화 지폐의 위조 방지 형광 도안에 사용되는 유로퓸(Europium; Eu)이 그 각각의 원소야. 가돌리나이트 연구의 시초였던 가돌린의 이름을 딴 가돌리늄(Gadolinium; Gd)은 가돌리나이트와 세라이트 두 광석 모두에서 공통적으로 발견되어 란타넘족 발견의 역사를 연결해 주었지.

지금까지 총 14가지 종류의 란타넘족 원소 발견을 살펴보았는데, 하나가 부족하지? 이 부족한 하나의 원소는 바로 프로메튬(Promethium; Pm)인데, 그리스 신화 속에서 인류에게 불을 선물한 티탄이었던 프로메테우스의 이름으로부터 명명되었어. 이는 우리가 제2의 불의 발견이라고도 말하는 우라늄의 핵분열(원자핵이 쪼개지며 강력한 에너지를 만들어 내는 반응으로 원자력 발전에 사용되고 있어)로부터 그 생성이 발견되었지. 비록 발견된 과

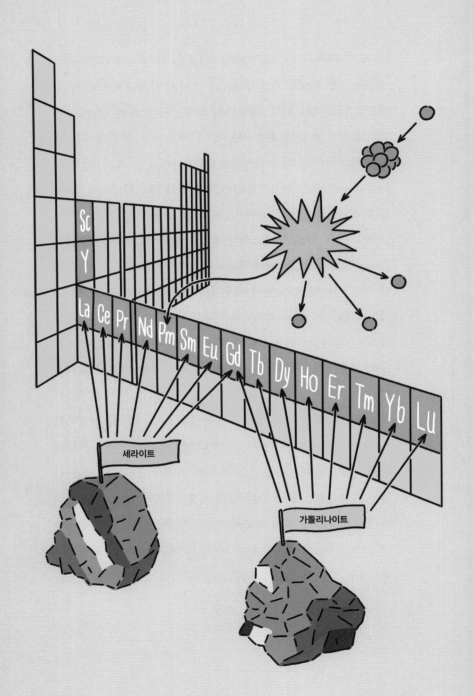

정은 다르지만, 우리가 원소들이 속해 있는 구간을 오비탈이라는 전자들의 배치 공간을 기준으로 나누고 있고, 란타넘족 원소들의 공통적인 특징인 f오비탈에 전자가 들어간다는 점을 프로메튬 역시 공유하기 때문에 란타넘족으로 분류하고 있어.

이제껏 산이나 염기와 같은 시약들을 통한 반응이나 전기화학 기법을 통한 직접적인 화학 실험을 통해 원소들이 발견되어 왔다면, 앞으로 우리가 살펴볼 원소들은 프로메튬과도 같이 쪼갤 수 없다고 생각해 왔던 원자핵이 합쳐지거나 쪼개지면서 나타나는 물리적인 변화에 의해 발견되어 왔다고도 할 수 있어. 하지만 결국 이러한 방식의 발견은 우리 지구에 자연적으로 존재하지 않던 원소를, 인공적으로 사람들이 만들어 내서 그 존재 가능성을 탐구한다는 다음 차원의 영역이 아닐까 싶어. 이 새로운 영역을 살펴보기 전에, 지구에 자연적으로 존재하는 원소들의 마지막 발견 순간에 대해 알아보자.

천연 원소 vs 인공 원소

지구상에는 약 90여 종의 천연 원소(혹은 자연 원소)가 존재하는 것으로 밝혀졌어. 기원전부터 계속된 원소의 발견은 대기, 광석, 용액 등 다양한 지구상의 물질로부터 원소를 찾아내는 데 초점이 맞춰져 있었고, 그 노력에 합당한 성과를 보여 왔지.

이로부터 여러 화학 실험 기법이 개발되거나 적용되기도 했고, 복잡하게 혼합되어 있는 여러 종류의 원소를 분리해 내는 기술들 역시 계속해서 발전하게 되었어. 하지만 지구를 이루는 원소들의 종류가 무한정일 수 없기 때문에, 언젠가는 자연 원소의 발견이 모두 끝나는 것은 예견된 일이었을 거야.

1925년 발견된 레늄(Rhenium; Re)은 마지막으로 발견된 안정한 천연 금속 원소야. 안정한 원소임에도 가장 늦게 발견된 것은 물론 그 양이 적어 확인하기 어렵다는 데 있었는데, 지구 지각 내에 존재하는 금속 원소들 중에 가장 적은 원소가 레늄일 정도로 극소량 존재하고 있어. 그렇지만 텅스텐(W, 녹는점이 3422도)에 버금갈 정도로 녹는점이 높은(3186도) 금속이라 활용도가 크지. 흔히 대표적인 금속으로 생각하는 철(Fe)이 섭씨 1538도의 온도에서 액체로 변한다는 사실에 비추어 볼 때 내열성이 압도적으로 뛰어난 금속이야. 또한 단순히 높은 온도에서 잘 버티는 것뿐만 아니라, 고온에서 물리적인 마찰이나 손상에도 잘 버티기 때문에 로켓 엔진이나 비행기 제트 엔진과 같은 우수한 물성이 필요한 분야에서 필수적으로 사용되고 있어. 적은 매장량에도 활용 분야가 중요한 원소이기 때문에, 과거에는 1킬로그램당 1억 원이 넘는 가격으로 거래된 경우도 있었지.

그럼 레늄이 모든 천연 원소 중 가장 마지막으로 발견된 것일까? 안정하다는 조건을 제외한다면, 가장 마지막으로 발견된

원소 쫌 아는 10대

천연 원소는 1족 알칼리금속의 마지막 원소인 프랑슘(Francium; Fr)이야. 프랑슘은 같은 족 윗자리에 위치한 세슘(Cesium; Cs)의 다음 원소라 하여 멘델레예프의 주기율표 이후 에카-세슘(Eka-cesium)이라고 오랜 세월 불려 왔지만 그 실체가 발견되지 못했어. 실제로 프랑슘이 발견된 것은 레늄의 발견으로부터 무려 14년이라는 시간이 더 지난 이후였는데, 천연 원소라고 하나 실제로 광석 속의 프랑슘을 발견한 것이 아니라 악티늄(Actinium; Ac)의 붕괴 중에 프랑슘이 생겨나는 것을 관찰하면서 그 존재가 처음으로 알려지게 되었지. 물론 이후에는 자연 속에 존재하는 프랑슘의 양이 대략 30그램이라고 추정하는 등 실제 천연 원소로의 존재 형태 또한 밝혀지게 되었어. 이처럼 프랑슘의 발견이 어려웠던 이유는 그나마 가장 안정한 동위원소인 프랑슘-223의 반감기(존재량이 절반으로 감소하는 데 걸리는 시간)가 단 21.8분에 불과하기 때문에 자연 상태의 프랑슘이 발견되는 게 현실적으로 불가능에 가까웠지.

결과적으로 프랑슘 역시 천연 원소로 분류되고 있어. 존재량이 매우 적고, 실질적인 획득은 다른 원소를 쪼개며 인공적으로 얻고 있지만, 본질 자체는 자연에 속해 있으니 말이야. 우리가 앞으로 살펴볼 원소들 중에는 이와 비슷한 원소들도 있고, 아예 새롭게 인간이 만들어 낸 원소들도 존재하는데 이를 인공 원소라고 부르고 있어.

원소를 인간이 만들어 내다니

지구에 풍부하게 존재하는 천연 원소도, 아주 조금밖에 남아 있지 않은 천연 원소도 있지만, 무엇보다 프랑슘의 경우처럼 이제는 자연에 미량밖에 남아 있지 않아 인공적으로 만들어서 확인할 수밖에 없는 과거의 천연 원소 또한 존재할 거야. 이를테면 멸종 위기에 처한 희귀 생명체처럼 말이지. 인공 원소를 만들어 낸다는 것은 지구상에 (존재할 가능성이 있거나) 존재하지 않던, 완전히 새로운 무언가를 창조해 낸다는 것과 같기 때문에 매우 높은 기술이 요구되었어. 그 시도의 첫 성과가 원자번호 43번 테크네튬(Technetium; Tc)이야!

테크네튬의 존재는 멘델레예프가 가장 처음 주기율표를 고안했을 때부터 언급되어 왔어. 몰리브데넘(Mo)과 루테늄(Ru)의 사이, 즉 망가니즈(Mn)의 아래에 존재해야만 하지만 아직 찾아내지 못한 미지의 원소였기에, 이를 에카-망가니즈라고 부르며 언젠가 빠진 퍼즐을 맞추기를 바라 왔지. 하지만 이 바람이 이루어지는 데는 굉장히 오랜 시간이 필요했는데, 수많은 화학자가 43번 원소로 추정되는 새로운 원소를 발견해 보고해 왔지만, 결과적으로 이들은 모두 다른 원소였다는 사실이 밝혀지게 되었지. 하지만 이 당시 43번으로 오해되던 원소들은 결국 이리듐(Ir), 이트륨(Y), 레늄(Re) 등 현존하는 다른 원소들이었기에

그 연구가 결코 헛되지는 않았어. 테크네튬의 첫 관찰은 1937
년 우연히 성공하였는데, 가속기 실험을 하던 중 몰리브데넘
(Mo) 판에 중성자가 우연히 충돌했을 때 새로운 원소가 나타나
는 것을 관찰한 것으로부터였어. 이 우연한 발견은 지속적으로

연구되어 확실히 새로운 원소가 맞다는 사실이 입증되었고, 멘델레예프가 예측했던 에카-망가니즈의 물리적인 특성들과 비교해 볼 때 빠져 있던 퍼즐을 찾아낸 것임을 확신하게 되었지. 이후 첫 인공 원소임을 기리기 위해 '인공적'이라는 뜻의 그리스어 테크네토스(τεχνητός)를 따 명명되었지.

흔히 현대 기술(technology)의 성과라는 의미로 이렇게 이름 붙게 되었다는 설도 있을 정도로, 당시에는 상상하지 못했던 새로운 방식으로 인공적인 원소를 찾아낼 수 있다는 가능성을 입증한 역사적인 사건이라고도 할 수 있어. 주기율표를 펴서 살펴본다면, 43번 자리는 천연 원소들 가운데 뜬금없이 존재하는 인공 원소의 자리라는 사실을 알 수 있어. 사실상 테크네튬도 천연 원소였지만, 가장 안정한 동위원소조차 420만 년의 반감기를 가지고 있었기 때문에, 지구가 탄생해서 지금까지의 수십억 년의 시간 동안 모두 붕괴되어 사라져서 천연 상태에서 찾을 수 없었을 것이라는 설이 지배적이야. 하지만 1961년 천연 상태로 존재하는 테크네튬 역시 자연 속 우라늄의 핵분열 과정에서 생겨난다는 사실을 확인하여, 지각 내 미량 존재하는 테크네튬을 확인할 수 있었지.

그럼 두 번째로 만들어진 인공 원소는 무엇일지 생각해 봤니? 역시 주기율표 속 텅 빈 공간을 채우기 위한 다음 인공 원소는 가장 무거운 천연 원소보다 더 무거운 새로운 원소를 찾아내려는 시도의 결과야. 지구에 존재하는 천연 원소들 중 가장 무거운 원소는 92번 우라늄(U)이야. 이를 기준으로 우라늄보다 무거운 원소들을 우리는 '초우라늄 원소'라고 부르는데, 인간이 두 번째로 만들어 낸 인공 원소는 최초의 초우라늄 원소인 원자 번호 93번 넵투늄(Neptunium; Np)이야. 넵투늄의 발견은 테크네튬 발견 1년 후인 1940년에 이루어졌는데, 테크네튬의 발견을 위해 몰리브데넘에 중성자를 충돌시켜 하나 더 높은 원자번호의 원소를 만들어 낸 방법을 그대로 적용해 보았어. 우라늄에 중성자를 충돌시켜 원자번호가 하나 더 높은 93번 원소를 얻게된 것이고, 태양계 내에서도 천왕성보다 하나 더 뒤에 있는 해왕성의 이름으로부터(물론 천왕성과 해왕성의 발견 시기도 큰 역할을 했지, 우리가 살펴본 것처럼 말이야) 넵투늄이라는 이름까지 딱 맞게 명명되었지.

세 번째로 만들어진 인공 원소는 지구에서 가장 적게 존재한다고 알려진 85번 아스타틴(Astatine; At)이야. 원소의 이름 자체가 불안정하다는 의미의 그리스어 아스타토스(astatos)로부터 유래했을 만큼 스스로 붕괴해 다른 원소로 바뀌어 버리는 성질이 매우 강해. 실제로 아직 눈으로 볼 수 있을 만큼의 아스타틴이 자연적으로도 인공적으로도 만들어진 적이 없다고 할 정도니그 희귀도는 말할 필요가 없겠지. 아스타틴은 17족 할로젠에 속하는 원소로 요오드 밑에 자리하고 있을 것으로 생각되었기 때문에 에카-요오드(멘델레예프 당시에는 아이오딘이 아니라 요오드로 불렸어)의 발견을 목표로 원소 탐색이 시작되었지. 아스타틴의 발견 역시 넵투늄과 같은 1940년에 이루어졌는데, 마찬가지의 방법으로 비스무트(Bismuth; Bi)에 중성자를 충돌시켜 원자번호가 하나 더 높은 원소를 만들어 내려는 시도를 통해서였어. 결과적으로 아스타틴은 역사상 세 번째로 합성된 인공 원소이자 지구에 극미량 존재하는 천연 원소로 판별되었지.

우리가 살펴본 이 세 가지 성공 사례로부터, 과학자들은 새로운 원소를 만들어 낼 수 있는 방법을 확실히 깨닫게 되었어. 원소와 원소 간의 화학 반응이 아닌, 원자는 더 이상 나눌 수 없다는 돌턴의 원자설을 뛰어넘어 물리적인 충돌이나 붕괴를 통해 원소 종류를 결정하는 양성자의 개수 자체를 바꿔 버리는 극단적인 방법 말이야.

방사능을 내뿜다 – 악티늄족 원소들

주기율표에서 란타넘족 원소들의 바로 밑에 자리 잡은 89번부터 103번까지의 15개 원소들을 악티늄족(Actinoids)이라고 불러. 물론 가장 먼저 위치한 악티늄과 같은 오비탈을 사용하기 때문에 이러한 족 이름이 붙게 된 거야. 광석에서 대부분 발견되었고 현재도 추출되어 다양한 분야에서 사용되는 란타넘족과는 다르게, 악티늄족 원소들은 모두 방사성 붕괴를 하기 때문에 주위로 해로운 방사능을 내뿜는 원소들이야. 이 때문에 실제로 우리가 사용하는 악티늄족 원소는 매우 제한적이라고 할 수 있지.

악티늄족 원소들의 구성은 상당히 독특한데 자연에 매장되어 있는 원소, 자발적으로 발생한 원자핵의 붕괴로부터 형성된 원소, 그리고 인공적으로 합성해서 세상에 탄생하게 된 원소로 나눌 수 있어. 최초의 악티늄족 원소 발견은 세륨(Ce)을 분리해 냈던 클라프로트에 의해 오래전인 1789년에 이루어졌어. 비교적 자연에 많이 매장되어 있던 우라늄을 역청우라늄석이라는 광석으로부터 분리해 내는 데 성공하면서 시작되었지. 또 다른 천연 원소인 토륨(Thorium; Th)은 토리아나이트라는 광석으로부터 분리되어 북유럽 천둥의 신 토르(Thor)의 이름으로부터 원소명이 유래하게 되었지. 천연 악티늄족 원소들의 발견은 1800년대 초중반 모두 완료되었지만, 원소 발견에 대한 도전은 이제부터가 시작이었어.

1899년과 1900년에 악티늄족 원소의 특징인 방사선을 검출하면서 광선을 뜻하는 그리스어 악티스(aktis)로부터 유래한 악티늄족의 대표자 악티늄(Ac)과 붕괴를 통해 악티늄으로 바뀌기 때문에 악티늄의 초기 원소라는 의미로 프로트악티늄(Protactinium; Pa)을 발견하게 되었지. 이후의 초우라늄 원소들은 합성을 통해 인공적으로 만들어졌는데, 넵투늄은 우라늄으로부터, 플루토늄(Plutonium; Pu)은 넵투늄으로부터, 계속해서 같은 방식으로 점점 더 크고 무거운 원소들을 만들어 악티늄족의 빈 자리들을 채워 나갈 수 있었어.

이후의 악티늄족 원소들 역시 방사성 붕괴로 인해 인체에 위해성을 가해 일상에서의 활용이 크게 제한되어 있지만, 초우라늄 악티늄족 원소들 중 단 하나 아메리슘(Americium; Am)은 우리 주위에서도 흔히 찾아볼 수 있어. 바로 연기를 감지해서 화재를 알리는 화재경보기의 핵심 원소로 사용되고 있기에 우리가 지내는 건물 어디에서도 보이진 않지만 만날 수 있는 원소야. 이것이 가능한 건 방사성 붕괴에 소요되는 시간이 너무나도 길어서, 사실상 우리가 피해를 입을 일이 없이 안전하게 사용할 수 있기 때문이야.

기타 원소들은 비교적 근현대에 발견되어서 유명한 과학자들의 이름을 딴 원소들이 다수 포진하고 있어. 퀴리 부인을 기리는 의미의 퀴륨(Curium; Cm)이나, 최초의 수소폭탄 실험이었던 1952년 아이비 마이크(Ivy Mike) 실험 이후 세상에 탄생했기에 핵무기 개발에 기여했던 아인슈타인과 페르미를 기리는 아인슈타이늄(Einsteinium; Es)과 페르뮴(Fermium; Fm), 주기율표의 아버지 멘델레예프로부터 유래한 멘델레븀(Mendelevium; Md), 알프레드 노벨의 이름을 딴 노벨륨(Nobelium; No), 그리고 이후부터 이루어진 수많은 원소 발견의 핵심 장소 중 하나가 된 로렌스 방사선 연구소의 이름의 유래인 어니스트 로렌스를 기리는 로렌슘(Lawrencium; Lr)까지 다양한 원소가 20세기 중반까지 지속적으로 하나씩 발견되어 왔어. 최종적으로 악티늄족 원소는 15개가 모두 밝혀지게 되었고, 각기 연구와 산업, 생활 등의 분야에서 활용되고 있지.

어디까지 찾아낼 수 있을까?

주기율표에서 가로 방향 구분을 주기(period)라고 부르기에, 지금까지 살펴본 프랑슘부터 악티늄족, 그리고 그 이후까지의 수많은 합성 원소가 속한 7주기가 최근까지 원소 발견의 최전선에 있는 구역이야. 어떤 원소가 분명 존재하지만 아직 드러나지 않았는가에 대해 아무런 확신 없이 화학자들은 실험을 통해 찾아 왔지만, 어디까지 있을지 아무런 추측이나 예상 없이 무작정 도전하진 않았을 거야. 실험을 통해 원소를 찾는 화학자들도 있었지만, 뛰어난 머리로 상상하고 계산해서 이론적인 접근을 시도한 학자들도 있었어. 약간은 어려운 이야기가 될 수도 있겠지만, 지금부터는 우리가 어디까지 원소를 만들고 찾아낼 수 있을지 그 이론적 배경과 한계를 알아보자!

원소는 결국 원자라는 최소 단위로 구조와 형태가 설명이 가능했기 때문에, 우리는 다시 원자라는 입자 수준으로 화제를 돌려 볼 거야. 돌턴이 원자론을 정리한 이후 톰슨과 러더퍼드에 의해 양성자, 중성자, 전자, 그리고 원자핵이라는 실체적인 구성이 정립되었다는 사실을 앞서 살펴봤어. 하지만 여기서 하나 의구심이 생긴 친구 있니? 분명 양(+)의 전하를 띠고 있는 원자핵과 음(-)의 전자를 띠고 있는 전자가 하나의 원자 내부에 존재하는데, 서로 다른 극성으로 인한 인력이 왜 작용하지 않는 걸까? 분명 인력으로 인해 둘이 충돌하고 다시 떨어지지 못하는 상태가 되어야 우리가 알고 있는 결과가 나타날 텐데 말이야. 하지만 이와 같은 일이 발생한다면 원자가 가지고 있는 부피들이 극도로 작아지고, 결합이나 화학 반응을 할 수 있는 자유롭게 돌아다니는 전자들이 사라지며 우리가 살아가는 물질계가 모두 파괴될 수밖에 없을 테니 무언가에 의해 이러한 현상이 억제되고 있다는 것을 추론할 수 있어.

이와 같은 논리적 오류를 해결하기 위해 방법을 제시한 과학자는 덴마크의 물리학자 닐스 보어(Niels Henrik David Bohr, 1885~1962)였어. 보어는 원자 구조 발견에 가장 큰 역할을 했던 톰슨과 러더퍼드의 제자였는데, 전자들이 원자에서 특정한 거리들에만 위치할 수 있다는 '양자화'(에너지 등이 마치 계단처럼 특별한 높낮이로 나뉘어 분리되어 있다는 이론)를 도입해 아이작 뉴턴의 고전 역학과 당시 떠오르는 양자역학의 교차점에서 원자 구조를 새롭게 제안하는 업적을 남겼지.

　가장 무거운 천연 원소인 우라늄의 발견 이후, 더 무거운 초 우라늄 원소의 발견이 오랜 시간 이루어지지 않았고, 보어의 원자 모형과 기존에 밝혀진 원소와 그 무게들에 대한 관계로 부터 사실상 원자 번호 92번 우라늄이 존재하는 가장 무거운 원소라고 여겨져 왔어. 이후 보어와 조머펠트(Arnold Johannes Wilhelm Sommerfeld, 1868~1951)는 원자 모형을 기반으로 한 양 자역학적 해석으로부터, 우라늄보다 무거운 원소들은 그 크기 와 전자의 반경 등으로부터 최종적으로 불안정한 상태로 해석 되어 방사선을 주위로 내뿜으며 원자핵에 변화가 생기는 방사 성 붕괴가 일어나게 된다고 설명했지. 이후 원자번호 137번 원 소가 인간이 찾을 수 있는 마지막 원소라고 결론 내렸어.

　현재 우리는 118번 원소까지 명확하게 발견해 냈기에, 한계 라고 여겨지는 137번 원소까지는 아주 긴 과정이 남아 있어. 하지만 92번 원소가 마지막이라 여겨지던 벽이 원자에 물리적 으로 중성자 등을 충돌시켜 새로운 원소를 만들어 내는 방법을 통해 파괴됐듯, 지금 예상하는 한계 역시 충분히 극복하게 될 거라 생각해. 그 가능성 중 하나로 지구 밖 우주를 떠올릴 수 있어. 사실 지구는 우주 속 수많은 은하 중 하나인 우리은하, 그 안의 끝없이 많은 항성계 중 하나인 태양계, 태양계의 단지 세 번째 행성에 불과해. 그러니 우주로부터 받는 영향은 지구의 시작부터 지금까지 느끼지 못하더라도 꾸준히 존재하고 있어. 대표적인 예를 몇 가지 들어 볼까. 지구 대기에 78퍼센트 가까이 존재하는 엄청난 양의 질소(N) 기체가 어디에서부터 생겨났을까? 답은 우주에 있겠지. 공룡의 멸종 원인을 운석 충돌 때문이라 여겼는데, 지구에는 소량 존재하지만 운석에는 풍부한 이리듐(Ir)이 당시 지층에 다량 존재한다는 사실이 그 확증에 기여했어. 그리고 최근 전자기기의 배터리로 사용하는 리튬(Li)이 사실 우주선(cosmic ray)이라는 광선으로부터 만들어져 지구로 오게 된다는 것을 생각해 봐. 우주선이 원자번호 143번 울타인(Ultine)이라는 미지의 원소로 이루어져 다양한 작용을 한다는 이론이 관심을 받는 등 원소의 한계와 작용에 대한 이야기는 여전히 현재진행형이야.

어디선가 언젠가는

새로운 원소를 찾는 것이 도대체 어떤 의미가 있을까? 천연 원소들의 경우에는 정체를 알기 전부터 사용해 온 원소들부터, 발견 이후 쓰임새를 찾아 사용되는 원소들까지 현재 모든 원소가 단 하나도 빠짐없이 유용하게 쓰이고 있어. 또한 테크네튬(Tc)이나 아스타틴(At)처럼 극미량이기에 합성해서 만들어야 하는 원소들 역시 암을 비롯한 질병 진단 분야에서 실제로 사용되고 있고, 란타넘족 원소들과 악티늄족 원소들 역시 적재적소에서 사용되고 있지. 하지만 사실상 96번 퀴륨(Cm) 이후의 원소들은 연구 외의 목적으로는 아직 사용되고 있지 않고, 심지어 104번 러더포듐(Rf) 이후부터는 그 특성조차 아직 파악하지 못했어. 너무나도 적은 양(심지어 원자 몇 개씩만 만들어지는 경우들도 다반사야)만 겨우겨우 만들어지기 때문에 실험을 하거나 분석을 하는 것조차 불가능한 상황이지.

냉전시기를 비롯한 과거에는 새로운 원소의 발견과 명명이 우주 탐사와 마찬가지로 국가의 과학 기술력을 증명하는 척도였기 때문에 미국과 러시아를 중심으로 많은 연구 투자와 노력이 이루어졌어. 물론 지금도 계속해서 새로운 원소의 발견에 힘쓰고 있지만, 현실적으로 단기간 안에 발견을 넘어선 유용한 활용까지 이루어지기에는 어려움이 있을 거야. 하지만 지구를 벗어나 우주까지 뻗어 나가는 미래와 중력파·블랙홀 등 다양한 이론적 개념들이 실제로 파악되는 지금, 지구에서는 불안정하고 활용이 어려운 원소들이 우주 공간에서 매우 유용한 새로운 자원으로 활용될 수 있을 거라는 기대를 해 볼 수도 있어. 실용적인 가치에 얽매여 범위를 한정 짓지 않고 호기심과 열정으로 새로운 영역으로 계속해서 도전해 나가는 모습이 현대에 존재하는 연금술사들의 모습이 아닐까 싶어.

원소가 만들 더 큰 세계로 한 걸음 성큼

지구의 시작부터 인류의 과거, 현재를 넘어 우주까지 바라본 여행은 재미있었니? 단순히 원소라는 조각들의 이름과 특징에서 벗어나 그것이 어디에 속해 있는지를 살펴본다면 원소가 더 친근하고 가깝게 다가갈 수 있을 거야. 우리가 살펴본 역사의 큰 흐름이 아니더라도 음식, 도구, 환경 등 우리 주위 모든 곳에서 원소가 어떤 일을 하고 있는지 생각해 본다면 숨어 있는 비밀 이야기들을 만날 수 있어.

장난감 블록을 모아 멋진 우주선이나 성을 만들어 본 적이 있지? 각각의 블록 조각들이 어떤 모양과 특징을 갖고 있는지 먼저 파악해야만 제대로 된 결과물을 만들어 낼 수 있는 것처럼, 우리가 살아가는 우주와 세상을 제대로 이해하려면 이를 구성하는 블록 조각인 원소들의 면면을 정확히 이해해야 해. 비록

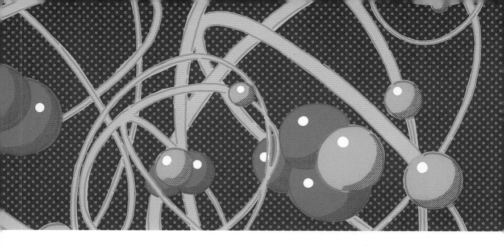

책을 읽는 네가 화학을 공부하고 있거나 직업으로 삼으려는 학생이 아니더라도, 우리는 원소와 물질, 그리고 화학으로 가득 찬 세상 속에서 평생을 살아가게 돼 있어. 그리고 우리 각자가 실제로 관심 갖는 것들 역시 원소와 화학이 구성하고 있고. 이처럼 주위를 바라보는 또 다른 관점을 갖게 된다면, 세상이 유용하고 흥미로운 것들로 가득하다는 사실에 즐거워질걸.

원소라는 개념이 전혀 탄생하지 않았을 먼 과거에도, 지금 우리에게 위대한 철학자라고 존경받는 탐구자들은 새로운 관점을 만들어 내는 데 많은 시간을 들였을 거야. 당시에는 비록 그 누구도 묻지 않고 관심 갖지 않았던 생각의 꼬리였을지라도, 시간이 지나며 이것이 얼마나 중요한 이야기들이었는지는 지금 우리가 알고 있지. 옛 선구자들이 그래 왔던 것처럼, 아주 작은 것부터 시작해서 나를 거쳐 더 먼 곳을 바라볼 수 있기를 바라!

원소가 만들 더 큰 세계로 한 걸음 성큼

초판 1쇄 발행 2019년 12월 31일
초판 3쇄 발행 2021년 12월 3일

지은이 장홍제
그린이 방상호
펴낸이 홍석
이사 홍성우
인문편집팀장 박월
편집 박주혜
디자인 방상호
마케팅 이송희·한유리
관리 최우리·김정선·정원경·홍보람·조영행

펴낸곳 도서출판 풀빛
등록 1979년 3월 6일 제2021-000055호
주소 07547 서울특별시 강서구 양천로 583 우림블루나인비즈니스센터 A동 21층 2110호
전화 02-363-5995(영업), 02-364-0844(편집)
팩스 070-4275-0445
홈페이지 www.pulbit.co.kr
전자우편 inmun@pulbit.co.kr

ISBN 979-11-6172-763-9 44430
ISBN 979-11-6172-727-1 44080 (세트)

이 도서의 국립중앙도서관 출판예정도서목록(CIP)은 서지정보유통지원시스템
(seoji.nl.go.kr)과 국가자료종합목록 구축시스템(http://kolis-net.nl.go.kr)에서
이용하실 수 있습니다.(CIP제어번호 : CIP2019048289)

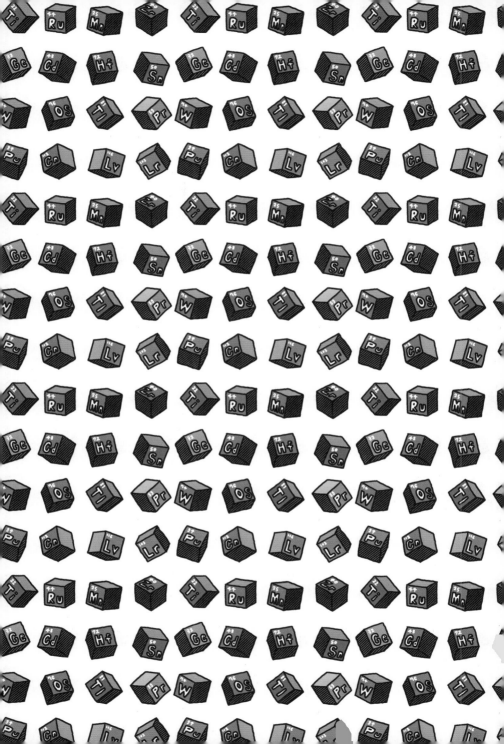